U0453650

# 新民说

民国大师经典书系

梁启超 / 著

张 健 / 注译

北京理工大学出版社

版权专有 侵权必究

**图书在版编目（CIP）数据**

新民说 / 梁启超著；张健注译. — 北京：北京理工大学出版社，2016.8（2023.2重印）

ISBN 978-7-5682-2114-6

Ⅰ.①新… Ⅱ.①梁…②张… Ⅲ.①国民—社会公德 Ⅳ.①B822.1

中国版本图书馆CIP数据核字（2016）第067209号

出版发行 / 北京理工大学出版社有限责任公司

社　　址 / 北京市海淀区中关村南大街 5 号

邮　　编 / 100081

电　　话 / （010）68914775（总编室）

　　　　　（010）82562903（教材售后服务热线）

　　　　　（010）68948351（其他图书服务热线）

网　　址 / http://www.bitpress.com.cn

经　　销 / 全国各地新华书店

印　　刷 / 三河市嵩川印刷有限公司

开　　本 / 889 毫米 × 1194 毫米　　1/32

印　　张 / 9.5　　　　　　　　　　　　　责任编辑 / 李慧智

字　　数 / 182千字　　　　　　　　　　　文案编辑 / 李慧智

版　　次 / 2016 年 8 月第 1 版　2023 年 2 月第 2 次印刷　责任校对 / 周瑞红

定　　价 / 49.80元　　　　　　　　　　　责任印制 / 边心超

图书出现印装质量问题，请拨打售后服务热线，本社负责调换

# 编者序

　　《新民说》写于1902—1906年（清光绪二十八至三十二年），是梁启超在戊戌变法失败流亡日本后，首先在自己所创办的《新民丛报》上，以"中国之新民"为笔名，以二十篇政论的形式分期发表的。后汇编成册，取名为《新民说》。作品于1936年收入中华书局出版的《饮冰室合集》，同年出版单行本。

　　《新民说》的大部分篇章写于梁启超思想最进步的时期，在当时较有代表性且影响广泛。梁启超强调"新民为今日中国第一急务"，激励人民摆脱封建奴性，树立独立、自由和爱国家、爱民族的思想，具有"自尊""进步""利群""进取冒险"等积极奋发的精神，全面探讨了国民性改造的问题，并形成了系统的"新民学说"，对国内知识界，特别是广大学生产生了巨大的影响。

关于"新民"一词，作者在《新民丛报》创刊号的《本报告白》中有这样的解释：

> 本报取《大学》"新民"之意，以为欲维新吾国，当先维新吾民。中国之所以不振，由于国民公德缺乏，智慧不开。故本报专对此病开药治之。务采合中西道德以为德育之方针，广罗政学理论以为智育之原本。……

"新民"一词并非由梁启超首创，但其影响之大，则是自《新民说》而起。1918年，毛泽东、蔡和森等人在湖南长沙发起了一个新文化进步团体，名叫"新民学会"，也是受此影响。

# 目 录

# 第一节 叙论

自从世界上出现人类一直到今天，在地球上建立的国家，何止千千万万？但试问能够一直岿然屹立到现在，能够在世界地图上仍然占有一种颜色的，有多少呢？回答是：也就一百几十个罢了。这一百多个国家中，能够屹立不倒、具备影响世界局势的能力、将来能够永远存在的国家，又有几个呢？回答是：也就四五个罢了。每个国家都生活在同一个太阳和月亮之下，山川河流也并没有什么区别，国民也都是方脚趾、圆头颅，没有什么不同，却有的国家兴盛，有的国家灭亡，有的国家弱小，有的国家强大，这是什么原因呢？有的人说："这是因为国家建立的地理位置不一样。"然而，今天的美洲，也还是古代的美洲，但为什么盎格鲁-撒逊民族能够继续享有它的荣耀？古代的罗马，就和今天的罗马一样，但是拉丁民族却为什么消逝了它曾有的光辉呢？有的人会说："这是因为一个国家的兴衰与否要看它是不是出现过英雄。"但是马其顿帝国并不是没有像亚历山大那样的英雄，为什么如今也已经像灰尘一样消失在历史的长河中了呢？蒙古也并不是没有像成吉思汗一样的英雄，为什么如今却几乎连苟延残喘也难保了呢？哎呀哎呀！我知道其中的原因。国家的兴衰，是由它的全体国民积聚而成的。国家有了人民，就像身体有了四肢、五脏、筋脉、血液循环一样。从来没有四肢已经断掉、五脏出现疾病、筋脉已经损伤、血液循环已经干涸，但身体却能够完好无损地活在这个世界上的人，那么也就不会有国民愚昧无知、胆怯懦弱、人心涣散、醉生梦死，但国家却能够安然自立于世界民族之林的。因此，一个人想要身体健康长寿，那么就不能不通晓养生的方法，一个国家想要国泰民安、永葆尊荣，就不能不讲如何缔造新国民的方法。

# 第二节　论新民为今日中国第一急务

　　我如今极力言说缔造新国民是当务之急，立论的原因有两个：一是关于中国内政需要新国民，二是关于中国外交需要新国民。

　　中国的内政为什么需要新国民呢？天下谈论政治治理办法的人很多，他们动不动就说：某甲祸国，某乙殃民，在某一个事件上政府处理得不恰当，在某一个制度上政府官员玩忽职守……像这些说法，我固然不敢说完全没有道理，但即使真如他们所说，那政府是怎么成立的呢？政府官员又是从哪里选举出来的呢？他们难道不是来自于民间选举的吗？所谓的某甲、某乙，难道不是全国国民中的一员吗？这种情况已经有很长时间了吧：将一群盲人聚集起来也不能成就一个像离娄一样能辨察秋毫之末的人，将一群聋子聚集起来也不能成就一个像师旷一样精通音律的音乐家，将一群怯懦的人聚集起来也不能成就一个像乌获一样勇武过人的大力士。正因为有这样的国民，才有这样的政府和官员，这正是所谓的"种瓜得瓜，种豆得豆"，又有什么好抱怨的呢？西方的哲学家经常说：政府和人民的关系，就像是温度计和空气的关系一样。室内的气温与温度计里的水银表示的刻度一定是相同的，不会有丝毫的误差。国民文明程度低的国家，即使得到贤明的君主和良臣来进行统治，也只能使国家得到一时的兴盛，一旦这些贤君名臣过世，那么他们的政令也就消亡了，国家又会恢复到死气沉沉的状态，就像是寒冬的时候把温度计放在沸水中，虽然温度计的度数会一下子提高上去，一旦水冷下来，度数也就跌落到和原来一样了。国民文明程度高的国家，即使偶尔出现暴君污吏杀戮劫掠一时，但人民也能够凭借自己的力量进行补救并加以整顿，使一切回归正道，就像是在酷暑的时候把温度计放在冰块上，虽然温度计的度数会一下子跌落，但不一会儿冰块融化，温度计又会上升到原来的刻度。所以说，如果新国民缔造成功，又哪里需要担心建立不了新制度，建立不了新政府，建立不了新国家呢？不然的话，即使今天变一次法，明天换一个人，东涂涂西抹抹，处处像东施效颦一样效仿别的国家，学些皮毛，我也看不出来能有什么用处。我们国家说改革新政，说了几十年却没有什么显著的效果，这是为什么呢？就是因为没有人注意到缔造新国民的重要性。

　　如今平民百姓中那些担忧国事的有识之士，总是独自坐在家中深深感怀，叹息着向往道："什么时候才能够得到贤君名相，以拯救我们的国家啊？"我不知道他们所谓的贤君名相一定要具备怎样的条件才算是合格。即便如此，如果按照今天国民们的品德、智慧、力量，我认为即使有贤君名相，也不能够收拾这乱糟糟的局面。拿破仑算是举世闻名的大将了吧？如果让他率领今天八旗、绿营中那些懒惰散漫之兵去打仗，可能连小部落的蛮夷之兵都打不过；哥伦布算是航海的专家了吧？如果让他驾驶着用朽木做的橡胶船出海，可能连小河都不能渡过。贤君和名相不可能凭借一己之力治理国家，必须任命有能力的大臣，有能力的大臣又不得不任命监司理政，监司又不得不任命省下一级的府县官员，府县一级的官员又不得不任命更下一级的小兵小吏去协助管理政务。这一级一级的人，即使他们中的一半人能够胜任工作，一半人不能胜任工作，尚且不能够使国家达到长治久安的状态，更何况其中一百个人里连一个能够胜任工作的都没有呢？如今盼望依靠贤君名相就能治理好国家的这些人，虽然知道外国的政治制度优越，想要我们的国家去效仿这样的制度，但是分析这些人的言外之意，该不会是认为外国的先进制度都是由他们的贤君名相凭借一己之力独自制定实施的吧？实在应该组织这些人去游览一下英国、美国、德国和法国的都市，看一看他们的人民是怎么自治的，他们的人民与政府的关系又是怎么样的。看他们治理一个省，和治理一个国家的方法是一样的；看他们治理一座城市、一个村落，和治理一个国家的方法也是一样的；看他们治理一个政党、一个公司、一所学校，和治理一个国家的方法也是一样的；乃至于看他们每个国民的个人自治的方法，也和治理一个国家的方法一样。就像是每一粒盐都是咸的，如果把这些盐堆积得像山陵一样高，那么这些盐的咸味就会更加浓郁。如果将这座像山陵一样高的盐山剖分成很多石（大约十斗的重量），又把这很多石的盐剖分成很多斗，再把这很多斗的盐剖分成很多升，再把这很多升的盐剖分成很多颗，再把这很多颗的盐剖分成很多分子，它们仍然没有一个不是咸的，所以把盐堆成山才会大咸特咸。反过来说，如果想通过抟沙子、揉面粉得到咸味，即使把它们堆得比泰山还高，也不可能实现。因此英、美等各个国家的国民往往不是在等待着贤君名相降临才使国家长治久安，而是靠国民个人自治保证国家沿着正常轨道稳步发展。所以他们的元首，像尧舜一样无为而治也行，像成王一样委贤任能也行；他们的官吏，像曹参一样喜欢喝酒的人可以当，像成瑨一样喜欢清闲的人也可以当。为什么呢？因为他们有善于自治的新国民。因此贤君名相常常依赖于国民的支持，国民却并不依赖贤君名相的治理。小国家尚且这样，更何况我们中国幅员辽阔，即使有贤君名相也往往鞭长莫及，哪里顾得过来呢？

我们试着用一个家庭来比喻一个国家。如果一个家庭中的成员，儿子、媳妇、兄弟、姐妹，各有自己的事业，各有谋生的技能，忠厚诚信，互敬互爱，勤劳进取，那么这样的家庭没有不发达的道理。如果不是这样的话，家庭成员中的每个人都放弃自己的责任，全部指望一家之长，家长又没有能力，自然全家都会挨饿，即使家长有能力，又能庇护我们到什么时候呢？即使家长能够凭借自己的能力庇护家人，但是作为别人的子女、兄弟，使自己的父亲、兄长受苦受累，一年到头辛勤劳作，早晚担忧操劳，不只是自己的心里感到不安，更会成为全家的负累啊！如今那些动不动就责备政府，渴望贤君名相的人，是多么的麻木冷血，又是多么的鼠目寸光！英国人经常说："That's your mistake. I couldn't help you."翻译过来的意思就是："那是你犯下的错误，我帮不了你。"这虽然是利己主义的下等言论，但实际上却是鞭策国民自我治理、自我救赎的名言警句。因此，我虽然日夜盼望有贤君名相能够改变国家的政局，我更害怕即使国家有贤君名相，也只是对我们爱莫能助。为什么呢？希望贤君名相替自己治理好国家的愿望深的人，希望通过自治改变国家面貌的愿望就浅了，而这种责求别人却不责求自己，希望别人努力却不寄希望于自我努力的恶习，就是中国不能通过维新变法改变国家局势的最大原因。我责求别人，别人也会责求我，我寄希望于别人，别人也会寄希望于我，这样的话，四亿同胞就会在相互责难、相互观望的过程中消磨掉改革的动力，还有谁来担当国家发展繁荣的重任呢？所谓缔造新国民，不是说等着出现一个新国民，然后再由他去把其他人改造成新国民，而是要使我们每个人都努力自治，成为新国民。孟子说："子力行之，亦以新子之国。"（你们每个人都努力奋进，成为新国民，才能使整个国家努力奋进，呈现新面貌。）所谓的自新，就是指要缔造新国民。

中国外交为什么需要新国民呢？自从十六世纪（大约三百年前）以来，欧洲能够发达、世界能够进步，都是民族主义在各个国家蓬勃发展的结果。什么是民族主义呢？各个地方种族相同、言语相同、宗教相同、习俗相同的人，都互相认作是同胞，都力求能够独立自治，互相团结以组织成立一个完善的政府，来谋求共同的利益并抵御其他民族的侵犯。这种民族主义已经发达到了顶峰，到了十九世纪末期（最近二三十年），就进一步变成了民族帝国主义（National Imperialism）。民族帝国主义是什么呢？国民的实力蓬勃壮大，在自己国内没有用武之地了，就不得不向外部发展，于是就想方设法向别的国家扩张自己的权力，把别国的土地变成自己的殖民地。他们扩张的方法，或者是通过武力侵略，或者是通过经济操纵，或者是通过工业垄断，或者是通过教会渗透，同时制定相应的政策进行指挥和配合。从近的来说，有俄罗斯侵略西伯利亚和土耳其，有德国侵略小亚细亚、非洲，有英国出兵侵占波亚①，有美国把夏威夷变成自己的一个州、掠夺古巴、进攻菲律宾，这些都是民族帝国主义的表现，都有他们不得不这样做的理由。如今在东方大陆

---

① 即布尔战争（Boer War），是英国与德兰士瓦共和国奥兰治自由邦（当地人称"布尔人"）之间的战争。梁启超在此将 Boer 译为波亚。

上，却有一个国家疆域最为辽阔，土壤最为丰腴，而政府最为腐败无能，国民最为懒散懦弱。其他民族一旦知道我们真实的国情，就一下子本着所谓的民族帝国主义理论，像是一群蚂蚁奔向肥肉，万箭飞向靶心一样。他们集中力量占领中国的一个地方，如俄国人占据满洲，德国人占据山东，英国人占据扬子江流域，法国人占据两广地区，日本人占据福建，这些都是民族帝国主义潮流的表现，都是这一潮流下必然发生的结果。

所谓的民族帝国主义，和古代的帝国主义不一样。古代有像亚历山大、查理曼、成吉思汗、拿破仑那样的英雄豪杰，他们都曾经抱有雄伟的计划和深远的谋略，想要蹂躏整个大地，吞并弱小的国家。即便如此，相比较两种帝国主义，古代的帝国主义起源于个人的野心，现在的民族帝国主义却是起源于民族实力的膨胀；古代的帝国主义是被权力和威势所奴役，现在的民族帝国主义却是被时势所驱使。因此古代帝国主义的侵略，只不过是一时，就像是暴风骤雨，过不了早上就会偃旗息鼓了。而民族帝国主义的进取却是长远的，随着一天天扩张而增大，随着一日日深入而加深。我们中国非常不幸地成为民族帝国主义争夺旋涡的中心点，该怎么应对呢？回答是：如果他们是因为一两个人的野心而来，我们还可以依靠一两个英雄去和他们对抗。如果他们是因为民族扩张的必然趋势而来的，不集合我们民族全体国民的力量，是肯定无法和他们抗衡的。如果他们是凭借一时的嚣张气焰贸然挺进，我们还可以鼓舞起一时的血气之勇来进行防御，如果他们是凭借长久深远的政策循序渐进地进行侵略，不建立可以延续百年的长远计划，做好持久战的准备，我们一定不能在这场侵略中幸免于难。难道你们没有见过瓶子里的水吗？如果瓶子里的水只有一半，其他的水就能再装进去；如果瓶子的水本身就是满的，没有一丝空隙可以进入，那么其他的水肯定装不进去。所以如今我们想要抵挡列强的民族帝国主义，以救亡图存拯救国家百姓，只有实行我们自己的民族主义这一个策略；而想要在中国实行民族主义，除了缔造新国民之外没有其他的办法。

如今世界上的国家没有哪个不担心外国侵略的。即使这样，外患之所以为患，一定不会只靠担忧就会主动消失。民族帝国主义正在顽强进取、加剧侵略，而我们还在讨论外国侵略是否真是我国的忧患，这是多么愚昧啊！我认为有没有外患，原因不在于外部而在于内部。虽然各国都在奉行民族帝国主义，那么俄国为什么不侵略英国？英国为什么不侵略德国？德国又为什么不侵略美国？欧美各国又为什么不侵略日本呢？总结来说，这源于一个国家是不是自身有破绽罢了。一个人如果得了痨病，风寒、暑湿、燥火这些病就会乘虚而入。如果一个人血气方刚、身强体壮，肌肤骨骼饱满充实，即使是顶风冒雪、头顶烈日、出入疫病区、搏击波涛，身体又能有什么损伤呢？自己不锻炼身体以强身健体，却抱怨风冷、雪大，天气热、日头毒，波涛凶、水流急，疫情猛、传染快，不仅所抱怨的对象不会有丝毫的改变，而自己难道就会因为喜欢抱怨而获得赦免吗？所以为如今的中国做打算，一定不能寄希望于依靠一时的贤君名相就能够消除祸乱，也不能只寄希望于一两个英雄崛起就可以完成兴国大业。一定要让我们四亿国民的道德、智慧、能力都能与列强相抗衡，才能使列强侵略不成为我们的忧患！我们又有什么可忧患的呢？这一目标虽然不是旦夕之间就能完成的，但是孟子曾经说过："一个人害了七年的痼疾，要用三年的陈艾来医治。平时如果没有积蓄艾草，终身都会得不到艾草来医治。"如今要抵抗列强侵略、消除外患，必须要循序渐进缔造新国民，除此之外没有更好的办法。如果我们还一直犹豫不决、蹉跎时光，再等上几年，将会出现想要再去像今天这样缔造新国民而没有机会的情况。呜呼！我们的国民难道不应该警醒吗？难道不应该自强不息吗？

# 第三节　释新民之义

我所说的缔造新国民，不是要让我们的国民完全放弃自己旧的一切来效仿别人。缔造的方法有两个：第一是，将我们所本来拥有的一切中的精华和有效的部分进行淬炼、去粗取精，使它们与时俱进地变为新的。第二是，引进外国那些我们本来没有的东西来加以活学活用。这两者缺一不可，否则就不会取得成功。以前高明的老师们培养有才干的人，也不外乎两个途径：一是帮助培养对象完善他原有人格的好的一面，二是帮助培养对象接受新思想、新观念以改造他的人生观。这就是我所说的去粗取精地提炼我们本来就拥有的和引进外国我们本来所没有的先进的东西。培养一个人是这样，培养国民也应该是这样。

凡是能够自立于世界之上的国家，它的国民一定拥有自己独特的民族文化。上至道德法律，下至风俗习惯、文学美术，都有一种独立的精神。祖辈流传，子孙继承，这之后族群才能团结一致，国家才能成立，这实在是民族精神的根基和源泉。我们中华民族能够数千年屹立于亚洲大陆繁衍生息，一定是因为我们有独特的宏大、高尚、完美的民族特质，与其他民族有所不同。这也是我们国民应当保留而不应该失掉的东西。即使这样，所谓的保留，也不只是任它们自生自灭，空泛地说："我们保留它，我们保留它。"就像是一棵树，如果不是年年有新芽长出来，那它早就枯死了；就像是一口井，如果不是时时有新泉涌出，那它不多久就会干涸了。一棵树长出新芽，一口井涌出新泉，难道是依靠的外力吗？他们出自于旧的东西却不可以不算是新的东西。只有日日有新的东西出现，才能保全旧的东西。国民精神也是一样，只有时时清洗它、擦拭它，它才能焕发出光彩。只有日日锻造它、锤炼它，它才能赫然成型；只有不断修缮它、疏通它，它才能源源不断、生生不息。这样坚持下去，国民精神才能与世长存，发扬光大。世人有的认为"守旧"两个字，是一个非常令人厌恶的名词。这究竟是对还是不对呢？我所忧虑的不在于守旧，而是忧虑没有真正能够守旧的人。真正能够守旧的人是什么样子呢？就是我所说的淬炼我们民族精神中本来就有的东西，去粗取精，与时俱进。

仅仅是淬炼我们民族精神中本来就有的东西让它发扬光大就满足了吗？回答是：当然不！如今的世界已经不是以前的世界了，今天的国民也不是以前的国民了。以前，我们中国有顺民却没有国民，不是我们不能成为国民，而是当时的环境阻碍我们产生国民意识。我们中国一直以来巍然屹立于世界的东方，周围都是些落后的小国家。与其他各洲的大国从来没有能够沟通交流的道路和方法，因此我们经常把我们的国家当作是天下。耳朵和眼睛所接触到的，思想所灌输到的，圣贤们所训示的，祖宗们所遗留的，不乏让我们具有成为一个自然人的资格，不乏具有成为家庭成员的资格，不乏具有成为一个乡人、族人的资格，不乏具有成为一个世界人的资格，但却偏偏没有可以成为一个国民的资格。成为国民的这个资格，虽然不一定远远优于以上所说的那些资格，但在这样一个列国并立、弱肉强食、优胜劣汰的时代，如果缺乏这种资格，那么一定不能够自立于天地之间。因此，今天不想让我们的国家富强就算了，如果真想让我们的国家强大，就不能不综合考察各个国家的民族自立自强的方法，广泛选择其中的长处来学习，用以弥补我们的不足。如今热心评论的人对于我国的政治、学术、技艺，都知道需要取外国之长以补我国之短；但他们却不知道国民的道德、智力、能力，实在是政治、学术、技艺产生的根源。不懂得学习外国国民的道德、智力、能力，只知道借鉴外国的政治、学术、技艺上的长处，不学习别人的根本，只学习一些细枝末节的东西，这和看到别的树木长得葱葱郁郁，就想把它的枝干移植到自己已经枯槁的树干上有什么不同吗？这和看到别的井中水流汩汩不绝，就想汲取它的水来充实自己已经干涸的水源有什么不同吗？因此学习我们本来没有的缔造新国民的方法，不能不深思熟虑啊。世界上发生的所有事的现象，不外乎两大主义：一是保守，二是进取。人们在运用这两种主义的时候，有的偏重于保守，有的偏重于进取，也有的是两种主义一起运用结果导致冲突，也有的两种主义一起存在却互相调和。如果只偏重于其中某一种主义，没有能够成功的。保守和进取发生冲突时，必然就会需要调和。冲突是调和的先驱，善于调和的民族，才是伟大的民族，盎格鲁-撒克逊民族就是非常善于调和的民族。这就好像是行路，只有一只脚先站稳，另一只脚才能前行。因此我所说的缔造新国民，绝对不是和那些盲目迷恋西方的人一样，蔑视、抛弃我们中国几千年的道德、学术、风俗，以冀求跟在别人的后头蹒跚学步；也不是像那些墨守成规、躺在故纸堆里的人，幻想只要抱着中国几千年留存下来的道德、学术、风俗，就足以让中国屹立于世界。

# 第四节　就优胜劣败之理以证新民之结果而论及取法之所宜

在民族主义立国的今天，如果国民弱，国家就弱；如果国民强，国家就强；这大概就像是影子跟随身体、响动之后必有回声一样，是必然会发生的事情。如今请允许我将地球上各个民族之间的形势列成一个表，来讨论他们之所以兴盛衰亡、此消彼长的原因。

民族
- （一）黑色民族
- （二）红色民族
- （三）棕色民族
- （四）黄色民族
- （五）白色民族
  - （甲）拉丁民族（Latin）：法国、葡萄牙、西班牙等国家
  - （乙）斯拉夫民族（Slavonians）：俄国、奥地利等国家
  - （丙）条顿民族（Teutons）：英国、德国、荷兰等国家
    - （子）日耳曼民族（Germans）德
    - （丑）盎格鲁-撒克逊民族（Anglo Saxon）：英、美两国

世界上的人大致分为五种，现在世界上最有势力的民族是哪个呢？是白色人种。白色民族主要包括三个民族（白色人种不只有这三个民族，条顿民族也不只是有这两种，这里只不过是要列举其中的重要者而已。这篇文字不是用来考据种族的，没有必要分得太细。）现在最有势力的是哪个民族？是条顿民族。条顿民族主要包括两个民族，现在最有势力的是哪个民族？是盎格鲁-撒克逊民族。在人类历史的初期阶段，各民族之间交通不便利，国民不相往来，不管什么民族，都可以在自己的一片土地上繁衍生息。但是"物竞天择，适者生存"的进化论的自然规律，使得人类不得不接触，不得不往来，不得不竞争。一旦各民族之间产生接触、往来、竞争，那么各民族之间的兴衰存亡就会很快呈现出来。你难道没有看过斗蟋蟀吗？上百只蟋蟀各自居于自己的小笼子中，当然可以称雄称霸。但如果把他们都放在一起进行争斗，只选出其中一个优胜者，那么一天之内就能死十分之六七的蟋蟀，两天之内就能死十分之八九的蟋蟀，三天之后能剩下来的蟋蟀也就一两只了吧。而所剩下来的那一两只蟋蟀，肯定是其中最强悍的了，那些稍微不强悍的蟋蟀早就死了！黑种人、红种人、棕种人遇上白种人，就像冰雪被开水冲浇，瞬间就会消失，这已经是众所周知的了。如今黄种人与白种人相遇，也是连连败退。如果我们看白种人之间的竞争，那个斯拉夫民族曾经被阿士曼黎的专制政府和卢马纳以及哈菩士卜的条顿人所统治，一直到现在也没有独立发展起来。拉丁民族虽然在中世纪时代接近全盛，但是当它与条顿人相遇，就没有什么抵抗能力了。自从罗马解体以来，现在欧洲所建立的国家，没有一个不是从条顿人手中所建立的。比如皮士噶人创建西班牙；士埃威人创建葡萄牙；郎拔人创建意大利；法兰克人创建法兰西、比利时；盎格鲁–撒克逊人创建英吉利；斯堪的纳维亚人创建丹麦、瑞典、挪威；日耳曼人创建德意志、荷兰、瑞士、奥地利。这些国家都是现代各国的主动力，而全部都是由条顿人建立发展的。条顿人无疑是全世界动力的主人公。而在条顿人中，又以盎格鲁–撒克逊人为主中之主、强中之强。今天地球超过四分之一的陆地都被他们占领，超过四分之一的人类都被他们统治。现在我试着把百年以来使用各个国家语言的人数变迁情况列成一个表，就可以知道盎格鲁–撒克逊民族的进步，实在是令人惊叹！

### 各个国家语言的使用人数变迁情况统计表

| 1810年 | 使用各国语言的人数 | 百分比（%） | 1890年 | 使用各国语言的人数 | 百分比（%） |
|---|---|---|---|---|---|
| 法语 | 31 450 000 | 19.4 | 英语 | 11 1100 000 | 27.7 |
| 俄语 | 30 770 000 | 19.0 | 德语 | 75 200 000 | 18.8 |
| 德语 | 30 320 000 | 18.7 | 俄语 | 75 090 000 | 18.7 |
| 西班牙语 | 26 190 000 | 16.2 | 法语 | 51 200 000 | 12.7 |
| 英语 | 20 520 000 | 12.7 | 西班牙语 | 42 800 000 | 10.7 |
| 意大利语 | 15 070 000 | 9.3 | 意大利语 | 33 000 000 | 8.3 |
| 葡萄牙语 | 7 480 000 | 4.7 | 葡萄牙语 | 13 000 000 | 3.2 |

从这两个表的比较可以看出，在这九十年的时间里，英语

的位置从第五跃而为第一，从2 052万使用者，一跃至11 110万使用者。比率从百分之十二多，一跃而至百分之二十七多，这样迅速膨胀的样子，有吞并全球、囊括四海的架势。盎格鲁-撒克逊人的气势，有谁能够抵抗呢？从这个表来分析，就知道谁是世界上最优秀的民族了。五个人种相比较，白人最优；只是白人相比较，条顿人最优。只是条顿人相比较，盎格鲁-撒克逊人最优。这不是我趋炎附势所发出的言论，这是自然界优胜劣汰的自然规律，无可逃避，确实是如此啊。如果日耳曼人的自我革新能力，远远胜过盎格鲁-撒克逊人，那么将来代替盎格鲁-撒克逊人成为最强者，也不是不可能的事情。假如斯拉夫人、拉丁人的自我革新能力胜过条顿人，假如黄种人自我革新能力胜过白种人，那么将来的结果也是一样。重要的是，现在的国家地位、民族地位优劣，确实就是上面所说的情况。那么，我所说的广泛考察强盛民族之所以强盛自立的原因，选择其长处来弥补我们的不足，就实际的例子而言，不能忽略白人，不能忽略白人中的条顿人，不能忽略条顿人中的盎格鲁-撒克逊人。

　　白种人比其他人种优秀，为什么呢？其他人种喜欢安静，白种人却喜欢活动。别的人种喜欢和平，白种人却不害怕竞争。其他人种趋于保守，白种人却善于进取。因此其他的人种只能发明文化，白种人却能够传播文明。发明文化，凭借的是天生的条件；传播文明，凭借的是个人的努力。我们试着看西方文明动力的中心点，从安息、埃及到希腊，从希腊到罗马，从罗马到大西洋沿岸的很多国家，遍及于欧洲大陆，再飞跃大西洋蓬勃兴盛于美洲，如今返回来又启迪开发曾经促进他们文明发展的东方，传播运行一天都没有停止。他们勇猛、果敢、活泼、宏伟的气魄，和印度人比如何呢？和中国人比如何呢？其他的小国家就更不用说了。但是白种人之所以能够傲视全球，不是依靠上天的眷顾，而是依靠他们民族自身的优秀。

条顿人比白种人优秀，为什么呢？条顿人的政治能力很强，这是其他白种人所比不上的。比如希腊人和斯拉夫人，虽然能够创立地方自治制度，但却不能传播它们。他们的能力全集中在最小的公共团体上，但位于这些公共团体之上的，还有国家机关；位于这些公共团体之下的，还有个人的权利，这些都不是他们的能力所能够达到的。因此他们这样做产生的结果，就会有三个缺点：人民的权利不完整，这是第一个缺点；团体和团体之间不相连属，这是第二个缺点；没有防御外敌的力量，这是第三个缺点。因此，希腊人先是受到罗马人的统治，继而受到土耳其的统治，之后又受到条顿人的统治，几千年都不见天日。斯拉夫人如今仍然在专制、暴虐的政体下呻吟，痛苦没有尽头。至于迦特民族（罗马统一前的部儿人以及今天的爱尔兰人和苏格兰的高地人，都属于这个民族），虽然他们勇武果敢的气概曾经为一时之冠，但是政治思想却更加薄弱。所以他们只知道崇拜一两个孔武有力的英雄，国民却不能独立团结。虽然他们能建立无数个小的军事国家，但是却没有把他们统一起来的能力。他们能创立大的宗教，却不能成立大的国家。至于拉丁人，则远远比他们优秀。拉丁人能够建立伟大的罗马帝国，统一欧洲大陆；能够制定完备的罗马法律，成为千年来的典范。即使是这样，他们的思想太大而不能实施，动不动就想要统治全世界，但地方自治的制度却被破坏，个人的权利也被踩躏。拉丁人致力于扩张国力却不注重人格培养，所以到了罗马的末期，拉丁人的腐败卑劣闻名于天下。即使到了今日，他们沿袭的旧制度还没被消除。拉丁人喜好虚荣，缺少沉着踏实的态度。他们有时候倾向于保守，怀抱着陈腐的制度，不肯做一点点改变；有时候又趋于激进，做起变革来不按照次序。比如法兰西人，就是其中的代表，在这一百年来，其政体变了六次，宪法改了十四次，现在名义上说是民主，但是地方自治和个人权利却没有一点点扩充。这就是拉丁人在今天世界竞争格局中变得一天天局促的原因。而条顿人，当他们最初在日耳曼森林中还属于一种蛮族的时候，他们个人自强、自立、自由的气概，传承给子孙没有丧失，之后又经过罗马文化的熏陶和锻炼，使两者结合，才成为这样一个具有独特个性的民族，建立起民族的国家。国会（National State）制度的创立，使得人民都能有机会参与和讨论政治，集合人民的意见作为国家的意见，集合人民的权力作为国家的权力。他们又能界定团体和个人的权限，确定中央政府和地方自治的权限，让彼此互不侵犯，民族全体都能够顺应时势的变化，不断繁衍生息，兴旺发达。因此条顿人如今成为世界上的优等民族，这不是靠上天的眷顾，而是靠他们民族自身的优秀。

盎格鲁-撒克逊人比条顿人优秀，原因在哪里呢？他们独立自主的风气最为盛行。他们从幼年开始，无论在家庭还是在学校，父母和老师都不把他们当作可有可无对待，而是让他们练习生存发展的技能，年纪大一点之后就可自立，不依赖他人了。他们遵守纪律和法律的观念最为浓厚，他们的常识（common sense）最为丰富，常常不会做那些没有经过考虑就急躁冒进的行为。他们的权利思想最强，把权利当作自己的第二生命，丝毫也不肯让步。他们的体力最为强壮，能够冒很多的风险。他的性格最为坚忍，百折不回。他们以实业为主，不崇尚虚荣。他们人人从事一门职业，不讲究职业的高低。而那些不从事生产的官吏政客，往往不被世人所重视。他们的保守本性也最多，但是常常能够根据时势，借鉴外部经验，来发扬光大他们本来所具有的本性。因为这样的缘故，盎格鲁-撒克逊人才能以小小的北极三个孤岛，将他们的种族繁衍壮大到北美洲和澳大利亚两块大陆，让他们的国旗飘扬到每一个太阳升起的地方，将他们的权力巩固到五洲四海重要的咽喉之地，世界上没有哪一个国家可以和它匹敌。盎格鲁-撒克逊之所以能够称霸十九世纪，不是靠上天的眷顾，而是靠他们民族自身的优秀。

那么，说到这里，我们民族所应该借鉴学习的地方就可以知道了。分析这些民族衰落和弱小的原因、那些民族兴盛和强大的原因，然后一一反省我们自身。我们中国国民的性质与那些导致衰败、导致弱小的国家相比，不同点和相同点有哪些？跟那些导致兴盛、导致强大的国家相比，不同点和相同点有哪些？我们大致的缺陷在哪里？我们在细节上的薄弱之处在哪里？我们一一观察，一一鉴别，一一改正，一一补充，这样一来，缔造新国民就能够成功了。如今请允许我列举我们中国国民应该自力更新的大纲小目，条分缕析，在下一节中详细地讨论。

# 第五节　论公德

　　我们中国国民最为缺少的品质，公德是其一。什么是公德呢？群体之所以成为群体、国家之所以成为国家，都是依靠这种品德才能够成立的。人是善于群居的动物（这是西方哲学家亚里士多德的言论）。人如果不能聚群而居，怎么跟禽兽进行竞争而存活？但是要人组成群体，不是只要高喊口号说："团结起来！团结起来！"就能成功的。一定要有一种东西把大家联络起来形成凝聚力，这之后群体才能真正形成，这就是所谓的公德。

　　道德在本质上是一样的，但是的外在表现却分为公德和私德两个方面。人人都只为自己着想，为了自己活得好而表现出的德行，就叫私德；人人都为群体着想，为了大家都活得好而表现出来的德行，就叫公德。这两个方面都是人生所不能缺少的东西。没有私德是不行的，集合再多卑污、虚伪、残忍和怯懦的人，也不能组成一个国家。没有公德也是不行的，即使有再多洁身自好、廉洁谨慎、心地善良的人，也不能成立一个国家。我们中国道德的起源，不能说不早。虽然如此，我们中国偏重于私德，缺少公德。如果我们试着看一下《论语》《孟子》等书，这些书是向我国国民宣扬教化的木铎，也是道德的来源。其中所教化的内容，私德占了十分之九，但公德却达不到十分之一。比如《尚书》中的《虞书·皋陶谟》中讲到的九种道德和《洪范》中讲到的三种道德都属于私德。《论语》中所谓的"温、良、恭、俭、让"，所谓的"克己复礼"，所谓的"忠信笃敬"，所谓的"寡尤寡悔"，所谓的"刚毅木讷"，所谓的"知命知言"，《大学》中所谓的"知止、慎独、戒欺、求慊"，说的都是私德。《中庸》中所说的"好学、力行、知耻"，所说的"戒慎恐惧"，所说的"致曲"，《孟子》中所说的"存心养性"，所说的"反身、强恕"……这一切关于私德的论述，差不多将其全都说尽了。在如何培养私人（这里说的个人，是相对于公人来说的，是指一个人不和别人进行沟通交往时而言）的道德品格方面来说，也几乎说得差不多了。但即使这样，只培养私人的道德品格，难道他的人格就完整了吗？当然不算完整。如今我们试着把中国的旧伦理和西方的新伦理相比较，中国的旧伦理可以分为君臣间的伦理、父子间的伦理，兄弟间的伦理、夫妻间的伦理、朋友间的伦理。西方的新伦理却可以分为家族伦理、社会伦理（人群伦理）、国家伦理。中国的旧伦理所看重的是一个私人怎么对待另一个私人的原则（一个私人独自修习自己的德行，本来属于私德的范畴，那么一个私人和其他私人之间交往的道义，仍然属于私德的范畴。这可以算是法律上公法和私法的范围的证明）；而新伦理看重的则是一个私人怎么对待一个团体的原则。（按照西方新伦理的分类来归纳中国旧伦理，关于家族伦理有三种，包括父子伦理、兄弟伦理、夫妇伦理。关于社会伦理有一种，就是朋友伦理。关于国家伦理有一种，就是君臣伦理。然而朋友伦理这一条，绝对不能够算是社会伦理。关于君臣伦理，也更不能够算是国家伦理。这是为什么呢？普通人对于社会的义务，肯定不能应用在相知的朋友身上。即使是那些深居简出、不和别人交流的人，在社会上仍然有不能不去尽的责任和义务。至于国家，更不是君臣伦理所能够专有的。如果仅仅说君臣之义，那么国君对于任命的大臣以礼相待，大臣对君主展现忠诚，完全是属于两个人私人之间感恩效力的事情罢了，和国家大政没有什么关系。那么那些所谓的不为国家效力的超脱隐逸的人，岂不在这些伦理的讨论范围之外了吗？人必须要具备这三种伦理的义务，之后才能成就完善的道德人格。中国的五伦关系，只有家族伦理算是比较完整的，至于社会国家伦理，则不完备的地方多了，这是我们必须弥补的遗憾。这都是因为重视私德、轻视公德所产生的结果。）一个私人如何对待自己，和一个私人如何对待另一个私人，这中间必然需要遵循一定的道德原则，这个道理难道还用说吗？虽然这样，私德只是道德的一部分，而不是全部的道德。要说全部的道德，肯定是要兼有公德和私德。

私德和公德之间本来是并不冲突的。但是因为提倡的人有的强调私德，有的强调公德，发展到最后，这二者就开始互相妨碍了。比如，和孔子同一时代的微生亩，把孔子热心向人们宣传自己的主张讥讽为花言巧语；孟子的学生公孙丑也怀疑孟子喜欢和别人辩论。这之外的那些道德水平和文化程度低的人，不知道什么是公德，就更不用说了。而那些著名的圣贤和哲人呢，也往往不能幸免，被别人抨击。我今天也没有兴趣搬弄古人的只言片语来批评这种现象。我主要想强调的是，我们中国几千年来，约束自身修习德行、争取少犯错误的观念，实在是衡量一个人德行的标尺。所以道德的范围越来越小，只要一个人说的话、做的事超出这种范围，想要为自己的集体和社会的公共利益尽力做一点事情，那些道貌岸然、粗浅鄙陋的人动不动就会援引"不在其位不谋其政"等偏见来非议和嘲笑这样的人、排挤打压这样的人。这种恶劣的作风代代相传，大家都学习这种错误的行为，认为不这样做就不对，国民更加不知道什么是公德了。如今人们生存在一个集体之中，安心享有这一集体的权利，就应该承担起为这个集体所尽的义务。如果不这样做的话，那简直和这个群体中的蠹虫没什么两样了。那些坚持约束自身少犯错误的观点的人，认为我虽然对于集体的发展没有什么好处，但是也对集体没有什么害处。难道不知道对团体没有好处就是对团体有害吗？为什么呢？因为团体给我带来好处，但我却不能为团体带来好处，这就等于是我得了群体的好处而没有任何回报。一个私人和其他私人进行沟通交往，但是只是从别人那里得到好处却没有任何回报，从私德的角度上来说算是有罪的。我们会说这种人早晚都将会祸及与其交往的他人。而类似的这种人拿同样的观念对待群体，却反而标榜自己是个好人，这有什么道理呢？如果一个集体中的每一个成员，都相继抱着这样的心态，只想着无益于团体，那么这样的集体的血本还能有多少呢？而这些无穷无尽的讨债鬼，日日夜夜侵蚀集体的利益、瓜分集体的利益，对集体只有消耗，没有什么增长裨益，这个团体又怎么可以长久呢？这个群体一定会被这些只知道从集体中谋取利益却对团体发展毫无帮助的人所拖垮，这和在私人交往中受到连累的对方是一样的结果。这是按照天理和形势发展所必定会产生的结果！如今我们中国之所以会一天天衰落，难道还有别的原因吗？就是因为那些只知道约束自身、少犯错误的独善其身的人太多了，他们只知道享受权利却不知道承担义务，每一个人都认为自己对于集体没有什么责任。这样的人虽然数量众多，但不能为集体谋取利益，反而还成为集体的负担，这样的集体怎么能不一天天衰落下去呢？

父母对于子女，生他们、养他们，保护他们、教育他们。因此作为子女，应该承担报答父母恩情的义务，如果每个人都承担这样的义务，那么子孙越多的父母日子也就会过得越顺心，整个家族也会越来越繁荣昌盛；如果反过来的话，那么整个家族就会越来越衰落！因此为人子女如果不能报答父母的养育之恩，就会被看作是不孝，而孝是人的私德上最重要的一条，这是人人都知道的。集体对于个人，国家对于国民，它们对于个人的恩情，与父母对于子女的恩情是一样的。因为如果没有集体、没有国家，那么我们的性命、财产就会没有依托，智慧、能力就会无所附着，自己这微薄之躯也不能够在这个天地间存在一天。因此承担报答集体和国家的义务，这是每一个有血性的人所应该具备的认识。如果一个人放弃了这一责任，那么他不管从私德上说是善人还是恶人，都是集体与国家的害虫！比如说，一个家庭中有十个儿子，有的披袈裟剃度出家，有的以赌博饮酒为业，虽说一个人算是求佛问道，一个人算是流氓无赖，他们的善恶本性差别显著，但是相比较两个人都没有顾念父母的养育之恩，都算是名教的罪人，他们俩在性质上是一样的。明白了这样一个道理，那么凡是那些只知道修习自己的美好品德就够了，却丝毫不想为集体和国家做贡献的人，实在是和不孝没有什么不同。对于这样的人用公德来审判他们，即使是说他们对于所依存的群体犯了大逆不道之罪，也一点都不过分。

在一本书中讲了这样一个寓言故事：一个官员去世了，阎王爷开堂审理他生前所犯的罪，这位官员的鬼魂说："我没有罪，我做官的时候非常清廉。"阎王爷说："把一个木头人树立在你为官的厅堂之上，它连水都不用喝，不是比你更清廉吗？你当官除了清廉之外没有任何政绩，这就是你的罪过。"于是，阎王爷判了他炮烙之刑。那些想要把约束自身少犯错误作为独一无二的美德的人，不知道他们已经犯下了和这个官员一样不容赦免的罪过。近年来流行的在官场做官的秘诀，最脍炙人口的三个字是："清、慎、勤"。

"清、慎、勤"难道不是私德中高尚的部分吗？即使如此，官员是受到一个集体的委托来治理整个集体的事务的人。他们本身既承担着对整个集体的义务，也承担着对所有委托者的义务，难道仅仅奉行"清、慎、勤"三个字，就能够履行两大责任了吗？这都是因为他们只知道有私德，却不知道有公德，因此才导致政治没有进步，国家不能日益昌盛。如果那些处理公共事务的官员都是这样只注重私德，那么民间那些个人就更加不会注重公德了。我们的国民中没有出现过一个人能把国家的事情当作自己的事情来做，都是因为没有深入了解公德的真正含义。

大家都知道道德为什么兴起了吧？道德之所以兴起，是为了能够有益于集体的发展。然而因为每一个集体的文明和野蛮的程度不同，那么他们所适合的道德也往往不一样，但大体上都是以能够凝聚集体的向心力、能够为集体带来利益、能够促进集体的发展作为道德规范的原则。英国宪法把侵犯君主利益的行为看作是大逆不道（其他君主国家也是一样），法国宪法把图谋拥戴君主的行为看作是大逆不道，美国宪法甚至把企图拥有贵族爵位名号的行为都看作是大逆不道（凡是违反宪法的行为，都是大逆不道的）。这些国家在道德的衡量标准上差别如此之大，但是它们在精神上却是一致的。一致在哪里呢？回答是：为了一个集体的共同利益。乃至于古代的野蛮人，他们有的把妇女公有作为道德（一个集体中的妇女是一个集体中的男子的所有物，这样的集体没有婚姻制度，古代的斯巴达就是这样的风俗习惯），有的把不把奴隶当人看作为道德（不把奴隶当人看这种观念，古代的贤哲如柏拉图和亚里士多德都不认为这有什么错误，在美国的南北战争之前，欧美人也没把这种事情看作是不道德的），甚至今天的哲学家，也不能说这些是不道德的。大概按照这些野蛮人当时的情况来看，想要对集体的发展有好处，也就只有这样做最恰当了。因此可以说，道德规范的建立，无不以对群体的发展有利作为出发点。如果和这种精神相违背，即使是非常好的道德规范，有时也有可能会变成非常坏的道德规范。（比如自由制度，放在今天来看是非常好的道德规范，但如果把这种道德规范移植进尚处在野蛮时期还未开化的集体中，那就是非常不好的道德规范了。这就是一个例证。）因此，公德是各种道德的根源。对整个集体的发展有好处的就是美好的道德，对整个集体的发展没有好处的就是不好的道德。（没有好处而有害处的道德是非常不道德的，没有好处也没有害处的道德是轻度不道德的。）这是放诸四海而皆准的道理，即使是经历百代也不会有什么可疑惑的。至于道德的表现形式，就随着整个群体发展的不同阶段而产生差别。群体的文明和野蛮程度不同，那么它们所认为的利益也就会不同，因此他们所认为的道德自然也不同。道德不是一成不变的。（我这种言论似乎非常惊世骇俗，但是我所说的，是指道德的条目，不是指道德的宗旨。道德的宗旨是经历了千秋万代而不变的。读者千万不要误会。什么是道德的宗旨呢？也就是我所说的：对群体有利。）因为道德不是一成不变的东西，所以道德也就不是几千年前的古人能够订立一个统一的规范而传承万代的（私德的条目变迁还比较少，公德的条目变迁却比较多）。那么我们这些人生长在中国，生长在中国的今天，应该纵观国际大势，静静地思索适合我们这个族群发展的道路，发明一种新的道德，以探求能够增强我们族群向心力、使我们族群能够发展进步的道路，不可以因为以前的君主和贤哲没有提到某些道德条目，就画地为牢，裹足不前。大家都知道有公德的观念了，那么新道德就产生了，新国民也就出现了。（今天社会上谈论维新变法的人，什么事情都敢于说新，却唯独不敢说新道德，这都是因为学术界的奴性还没有完全去除，爱集体、爱国家、爱真理的心还不够赤诚。他们都认为道德就像是太阳和月亮从天空升起又落下，就像是江河在大地上浩荡奔流，从远古到今天，从来没有增加也没有损益一样，是一成不变的。他们认为古代的先圣先贤把道德的奥义都已经揭示完全并告诉后人了，哪还有什么所谓的新道德、旧道德呢？但他们却不知道道德条目的形成，约定俗成的占了一半，人为拟定的也占了一半。道德有发展、有进步，这也是遵循了物竞天择的自然规律。以前的哲人们没有生在现在这个时代，哪里能够制定完全合乎今日社会发展的道德呢？假如孔子、孟子在今天复活，他们也不能不对道德条目进行修订。今天的社会正处在过渡时代，青黄不接，以前的哲人们的微言大义，基本上已经被历史淹没而没有彰显了，那社会上奉行的简单的道德条目也不能够规范今后世人的心。另外还有厌烦陈腐观念进而否定一切的人，他们否定陈腐的东西，否定陈腐尚可以说是有道理，但要是连同道德一起否定了，那么人心大乱、祸事四起的局面哪里还有尽头？如今这种祸事已经开始初见端倪了。一些老知识分子们还可能忧心忡忡，热切地希望用宋元时期的论调来挽回民心，遏制这种潮流。他们又哪里知道优胜劣败是自然进化的法则，本来就不可能逃脱呢？捧着一把土去堵堤坝的缺口，端一杯水去救干柴烈火，即使是耗尽所有的才能，难道能起什么作用吗？如果我们不赶快参照古今中外，发明一种新道德并大力提倡的话，我恐怕今后人民的智力越来越发达，道德却会越来越衰落了。西方的物质文明全部输入中国，那么我们的四亿国民将相继退化为禽兽。呜呼！道德革命的论调，我知道一定会被全国国民所诟病。我只是非常遗憾我的才能不足以担负重任！如果让我和整个社会那些庸碌的人挑战决斗，我也不会害怕，不会推辞。社会上有以一颗热心、赤诚之心来爱集体、爱国家、爱真理的人吗？我愿意为这些人服务来研究道德革命这一问题。公德最大的目的，就在于对整个集体有利，而千千万万个条目，都是从这个最大的目的中产生的。本书后面的每一个章节谈论的条目，都以促进群体利益为宗旨，贯彻始终。因此我在本节中只讨论公德是当务之急，而具体实行公德的方法，将在下面的内容中详细谈到。

# 第六节　论国家思想

　　人类群体的初期阶段，只有部民却没有国民。从部民发展到国民，这是文明和野蛮的分水岭。部民和国民的区别在哪儿呢？回答是：聚在一起组成一个群体生活，形成自己的风俗习惯的人称为部民。有国家观念，能够自己制定政治制度的人称为国民。世界上还没有没有国民就能够组成国家的事情。

　　什么叫做国家观念呢？一是对于个人而言要知道有国家，二是对于政府而言要知道有国家，三是对于外族而言要知道有国家，四是对于世界而言要知道有国家。

　　所谓的"对于个人而言要知道有国家"，这是什么意思呢？人之所以比其他的生物高贵，是因为他们能够聚群而居。假如一个人孤零零地生存在大地之上，那么他飞翔比不上飞禽；奔跑比不上走兽，人类早就该灭绝了！所以群体对内来说，在天下太平的时候，它能够保障群体成员彼此分工、各尽其能、等价交换，因为任何人都不可能独自具备百工的技能。对外来说，在群体遭受危难的时候，大家一起出谋划策，一起奋勇处理，筑起城墙来抵抗侵略，因为任何人在面对威胁的时候都不可能单靠自己的力量就能够脱离险境，因此国家才应运而生。国家的建立，是有它不得不如此的理由。也就是每个人都知道仅仅依靠个人之力不能够长存，所以才寻求别人和自己相互团结、相互补助、相互捍卫、相互谋利。而想要让大家团结到永远、互相救助永远尽力、互相捍卫永远及时、互相获利永无止境，那么人人都要认识到在个人利益之上，还有更重要的国家利益。每个人在考虑一个问题、说出一句言论、办理一件事情的时候，都要常常注意从群体的利益出发。（这可以说是"兼爱主义"。虽然如此，把它叫作"为我主义"，也没有什么不对的。因为如果对群体没有利益，那么自己也不能获利，这是天下的公理。）如果不是这样，那么群体也就不可能形成了，而人道也差不多就要消失了。这是国家观念的第一个重要方面。

所谓的"对于政府而言要知道有国家"，这是什么意思呢？如果国家像是一个公司，政府就像是一个公司的董事会，那么握有政府权力的人，就像是董事会的董事长。如果国家像是一个村庄，政府就像是一个村庄的村委会，那么握有政府权力的人，就像是村委会主任。那么，董事会是为公司而设立的呢？还是公司是为董事会而设立的呢？不用分辨就能知道了。这两者的性质不一样，他们的大小和轻重自然也不能有所颠倒。因此法国国王路易十四的那句"朕即国家也"，至今都被认为是大逆不道的。欧美的小孩们听说这句话都没有不唾骂路易十四的。按照我们中国人的眼睛看来，可能觉得没有什么大惊小怪的！如果真是这样，假如有一家公司的董事长说"我就是公司"，有个村委会主任说"我就是村庄"，我们试想一下公司的股东们、村庄的村民们能接受吗？国家不能够没有政府，这是理所当然的。因此人们常常把爱国转化成爱政府，这就是爱人及屋和爱屋及乌的观念。但如果把屋当成了人，把乌当成了屋，把爱屋和爱乌当作是爱人，只知道爱护小乌却忽略了屋，只知道爱屋而忽略了爱人，那么我们不能不说那个人是病得癫狂了。所以，有国家观念的人，也常常爱护政府，而爱护政府的人，却不一定有国家观念。政府如果是经过全国人民同意而成立的，那么政府就是国家的代表，爱政府就是爱国家。如果政府不是经过全国人民同意而成立的，那么政府就是危害国家的反动组织，只有改革这样的政府才是爱国家的行为。这是国家观念的第二个重要方面。

所谓的"对于外族而言要知道有国家"，这是什么意思呢？"国家"是相对外族而言需要用到的名词。如果世界上只有一个国家，那么"国家"这个名词也就没有存在的必要了。所以人跟人相处才有了"自己"这个概念，家与家相处才有了"我家"的概念，国与国相处才有了"我国"

的概念。人类自从千万年以前就分布在各地繁衍生息，发展壮大。从言语风俗，到思想法制，形式不一样，内涵也不一样，所以形成了不同的国家。按照物竞天择的自然规律，人和人之间不可能不产生冲突，国和国之间也不可能不产生冲突。"国家"这个概念之所以能够出现，是为了区别于其他国家而已。因此真正爱国的人，即使是外国的神圣大哲前来统治，他们也一定不会心甘情愿服从于他人的主权之下。他们宁愿集合全体国民的力量流血牺牲、粉身碎骨、毁家纾难、毫无保留，也一定不愿意把自己一丝一毫的权利让给别的种族。因为如果不是有这种爱国精神，那么他们所组成的国家早就已经名存实亡了。这就像是一个家庭，就算家徒四壁，也不愿意别人进入自己的房子居住。知道自己是一个现实的存在，所以才能够存在，这是国家观念的第三个重要方面。

所谓的"对于世界而言要知道有国家"，这是什么意思呢？宗教家们谈话，动不动就说天国，说天下大同，说众生平等。所谓的博爱主义、世界主义，不管是谁都会认为是高尚的、仁义的。虽然如此，这种主义如果脱离理想世界而进入现实世界，难道有可能实现吗？这种事情也许过个几万数千年之后可能会实现，我也不能保证。但是今天我们需要的是什么呢？竞争，才是文明的源泉。如果一天停止竞争，那么文明的进步也就会立刻停止。从个人与个人的竞争发展到家庭与家庭的竞争，从家庭与家庭的竞争发展到族群与族群的竞争，从族群与族群的竞争发展到国家与国家的竞争。一个国家，是团体的最大规模，也是竞争的最高阶段。如果有人主张国家之间合并、破除国界，不要说这种事情能不能成功，即使成功了，竞争消亡了，难道文明不也跟着断绝了吗？况且人的本性也不可能做到一辈子不和别人竞争。因此，这样一来，世界实现了大同之后，不久就会因为别的事情在天国中重新互相竞争起来，到了那个时候就等于让各国国民回复到野蛮人之间的竞争。当今社会上的学者，不是不知道"世界大同"这种主义的美好。但只是把它当作心灵世界的美好幻想，而不是历史上真正的美好。因此，我们把"国家"作为团体的最大规模，而不把"世界"作为团体的最大规模，是有道理的。那么，那些说博爱的人，如果让他们舍弃一己之私去爱一个家庭，可以；如果让他们舍弃一个家庭之私去爱整个民族，可以；如果让他们舍弃一己之私、一个家庭之私、一个族群之私，去爱一个国家，也可以。国家，是私爱的根本，是博爱的顶点，不能够爱自己的祖国的人是野蛮人，爱世界各国的人也是野蛮人。为什么呢？因为他们已经变成了部民而不是国民了。这是关于国家观念的第四个重要方面。

真是令人痛心哪！我们中国人没有国家观念。底层社会的人，只关心自己个人和小家庭的衣食住行；上层社会的人，经常高谈哲理却不能应用到实践中去。那些没有良心的人更是甘愿做别的民族的奴才，为虎作伥；那些有才能的贤士，也仅仅把寻找到像尧一样的明君或者像盗跖一样的枭雄去为他们服务，作为自己的目标。从"对于个人而言要认识到国家的重要性"这第一个方面看，如今的四亿国民中能够超越个人利益之上的有几个人呢？天下熙熙，皆为利来；天下攘攘，皆为利往；如果有能够谋得眼前那些蝇头小利的机会，就算出卖全国的同胞，他们也在所不惜。那些所谓的第一等人，只知道追求自身的美好品行，结党营私、拉帮结派的人，也就是我所说的只知道从群体中获利却不愿回报的人。

独善其身和结党营私的这两种方式，它们存在的理由虽然有所不同，但是在足以导致国家衰败、灭亡上却是一样的。从"对于政府而言要认识到国家的重要性"这第二方面来说，我们中国从古代传承至今的道德标准是要做忠臣孝子，这种要求是应该提倡的。虽然如此，提倡忠于国家是正确的，提倡忠于君主则是不全面的，为什么呢？忠、孝两种德行，是人格中最重要的两种品德，这两者缺了哪个都不行，都会被别人抨击为没有达到做人的标准。如果仅仅对君主尽忠，那么对世界上那些做君主的人来说，难道不是断绝了他尽忠的途径吗？他们难道不是一出生就存在着不能够拥有完善人格的缺憾了吗？再说回来，比如现在美国和法国等国家的国民，他们没有君主可以尽忠，难道不是永远都不能够拥有这项品德，而不能被算作拥有完善人格的人类了吗？所以，我认为君主国家的君主和民主国家的国民应该履行的尽忠品德应该更高。人如果没有父母就不能来到这个世界，如果没有国家就不能安身立命。对父母尽孝道，对国家尽忠诚，这都是符合知恩图报的道义，不能与甘当达观显贵之家的奴才和走狗的自贱行为相提并论；而我们中国人却只是把"忠"这一个字作为仆人侍奉主人的专有名词，这实在是阴阳不分！（君主与国民相比，更应该尽忠，为什么呢？因为国民尽忠，只是为了完成报答国家这一个义务。君主尽忠，还兼有不辜负全体国民的嘱托的义务，怎么能说他不用履行尽忠这一品德呢？孝顺是子女对于父母的责任。但为人父母，又哪里可以缺少孝的品德？为人父母尚且不能不具备"孝"的品德，难道君主就可以不具备"忠"的品德吗？所以，仅仅说国民需要向君主尽忠，我认为这种说法是不能成立的。）从"对于外族而言要认识到国家的重要性"这第三个方面看，那么我们中国历史上所遭受的奇耻大辱，实在是我不忍心所再度提起的。根据从汉代末年到现在的记载，在这总共1 700多年的历史中，我们中国全部的领土被外族所占领的时间有358年；黄河以北的区域竟然被占领了759年。现在让我列一个这样的种族和时代表，如下图所示：

| 国名 | 开国皇帝 | 种族 | 都城 | 今地名 | 兴起年代（西历） | 灭亡年代（西历） |
|---|---|---|---|---|---|---|
| 汉 | 刘渊 | 匈奴 | 平阳 | 山西平阳府 | 304年 | 329年 |
| 成 | 李雄 | 巴氐 | 成都 | 四川成都府 | 304年 | 347年 |
| 后赵 | 石勒 | 羯 | 邺 | 直隶顺德府 | 318年 | 351年 |
| 燕 | 慕容皝 | 鲜卑 | 邺 | 直隶顺德府 | 337年 | 370年 |

| 国名 | 开国皇帝 | 种族 | 都城 | 今地名 | 兴起年代（西历） | 灭亡年代（西历） |
|---|---|---|---|---|---|---|
| 代 | 拓跋猗卢 | 鲜卑 | 盛乐 | 山西大同府 | 309年 | 376年 |
| 秦 | 符健 | 氐 | 长安 | 陕西西安府 | 351年 | 394年 |
| 后燕 | 慕容垂 | 鲜卑 | 中山 | 直隶定州 | 383年 | 408年 |
| 后秦 | 姚苌 | 羌 | 长安 | 直隶定州 | 384年 | 417年 |
| 西燕 | 慕容冲 | 鲜卑 | 长子 | 山西潞州府 | 384年 | 394年 |
| 西秦 | 乞伏乾归 | 鲜卑 | 苑川 | 甘肃巩昌府 | 385年 | 431年 |
| 后凉 | 吕光 | 氐 | 姑藏 | 甘肃凉州府 | 386年 | 403年 |
| 南燕 | 慕容德 | 鲜卑 | 广固 | 山东青州府 | 398年 | 410年 |
| 南凉 | 秃发傉檀 | 鲜卑 | 廉州 | 甘肃西宁府 | 402年 | 414年 |
| 北凉 | 沮渠蒙逊 | 匈奴 | 张掖 | 甘肃甘州府 | 402年 | 439年 |
| 大夏 | 赫连勃勃 | 匈奴 | 统万 | 甘肃宁夏府 | 407年 | 431年 |
| 后魏 | 拓跋珪 | 鲜卑 | 平城 | 山西大同府 | 386年 | 564年 |
| 辽 | 耶律阿保机 | 契丹 | 临潢府 | 内蒙巴林左旗 | 916年 | 1125年 |
| 金 | 完颜阿骨打 | 女真 | 汴 | 河南开封府 | 1126年 | 1234年 |
| 元 | 成吉思汗 | 蒙古 | 北京 | 直隶顺天府 | 1277年 | 1367年 |
| …… | …… | …… | …… | …… | …… | …… |

呜呼！从黄帝时期筚路蓝缕所传承下来的锦绣河山屡屡被外族所掠夺，这种情况实在是见得太多了。而那些所谓的黄帝子孙，他们给侵略者送水送饭、鸣锣开道，面对侵略者就像是野兽被折了头角一样畏惧和恭顺。如果侵略者给

这些汉奸走狗一个小小的官职，使他们的家族感到荣耀，那么帮助这些侵略者不遗余力地欺压自己同胞的汉奸们，又不知道得有多少人了！明代学者陈白沙在《崖山吊古》一诗中感慨："镌功奇石张弘范，不是胡儿是汉儿！"哎呀，真是可悲可叹！从晋朝至宋朝以来的汉族人中，像是帮助元朝灭亡了宋朝的汉族将领张弘范这样的人，在历史上"先后辉映"，又何止是成百上千？陈白沙先生还是有些少见多怪了。中国人国家观念的缺失，就是达到了这样登峰造极的地步。

从"对于世界而言要认识到国家的重要性"这第四方面来看，中国的知识分子动不动就说"平天下""治天下"，其中比较知名的，比如董仲舒的《春秋繁露》篇和张衡渠的《西铭》篇，都把国家看作是一个非常渺小的东西，不屑于挂在嘴上。但如果我们深究起来，所谓国家之上的那个宏大的团体，难道会因为他们的微妙空言而有一点点的进步和好处吗？国家也会一天天衰亡下去罢了。像前面说的那样，我们中国人缺乏国家观念，是非常危险和令人痛心的了！我们中国人缺乏国家观念，竟然已经到了这样的地步了啊！

我分析其中的原因有两个：一是只知道有世界却不知道有国家，二是只知道有自己却不知道有国家。

他们把国家观念误认为世界观念，也有两个原因。第一是由于地理原因。欧洲的地形是山川和河流交错，水上交通发达，人民来去自由，地势上被分割为支离破碎的小块区域，形势上趋向于分立而治；中国的地形是平原广阔，周边多有山川阻隔，导致人民闭塞不出，少与外界交流，形势上趋向于统一而治。从秦朝以来的两千多年里，中国只有三国时期和南北朝时期的三百多年是稍微分裂的，其他时间都是四海一家的大一统格局。即使王朝中偶尔有军阀割据的局面，过不了多久就会被合并。在我们的周围虽然有很多的少数民族，但是他们在地域范围上，在人口基数上，在文明程度上，都不能和中国相比。而在高耸入云的帕米尔高原之外，虽然有像波斯、印度、希腊、罗马这样的文明国家，但是我们和他们彼此之间因为山川阻隔，也并不接壤、并不了解。因此中国人就把国家看作是世界了，这并不是我们妄自尊大，而是地理原因造成的。如果要我们认识到中国只是世界上很多国家中的一个，需要我们周围有与我们国家差不多的国家才可以。所以中国人的国家观念不发达，不能和欧洲人相比，这也是时势所迫。把国家观念误以为是世界观念的第二个原因是理论宣传。在战国以前，大一统的局面还没有形成，各个诸侯国群雄并起，国家主义也最为盛行。我们会发现其中的弊端在于，各诸侯国互相抢夺土地、争夺城池，杀死的百姓充满了郊野，生灵涂炭的祸事都不知道什么时候才算到尽头。那些讲究人道的人面对当时的情况，忧心忡忡，四处宣扬"稳定压倒一切"，以避免百姓无缘无故遭受灾难。比如孔子在整理修订《春秋》一书的时候，主张能够破除国界，使天下统一，由同一个君主来进行统治，通过文明统治来达到天下太平。孟子说："社会局势怎样才能稳定下来呢？只有天下一统这一条路。"其他的先秦诸子，比如墨翟、宋牼（kēng）、老子、关尹等人，虽然他们的哲理学说各有不同，但他们在谈到政治主张的时候，没有人不把统一各个诸侯国、结束纷争作为当务之急的。因为要结束当时的混战局面，不能不如此。天下人民心中已经十分厌恶战争了，才有了嬴政、刘邦这样的枭雄接连走上历史舞台。这样一来，之前知识分子们坐而论道的论调忽然成了统治者实行中央集权的理论工具，于是诸侯混战的局面才结束，国家才稳定下来。统治者仍然担心政治不能稳固，于是就开始焚烧其他有异议人士的著作，将那些方术之士禁锢起来，并且断章取义地把先哲著作中有利于自己实行中央集权统治的言论摘录出来，大力宣传，还对发出这些言论的人给予表彰，用来麻痹天下百姓。因此国家主义思想就渐渐消亡了。可以说，国家主义思想的消亡，未尝不是从孔子、孟子等先哲开始的。但即使是这样，我们也不可以把责任都推到这些先哲身上。因为按照他们当时的处境，提出破除国界、天下一统的主张是可以理解的，再加上人民接受新观念又容易不考虑实际、走向极端。这就好像是佛家宣扬佛法的目的是要普度众生，但那些执迷于宣扬佛法的人却忘了普度众生，这都是因为过于重视理论却忽视了实践造成的。所以说，后人执着于大一统却忘了爱国，又怎么能说这是先哲先圣的意愿呢？况且人和人之间的相处，不管怎么样都不能做到彼此之间毫无界限，这是天性使然。即使国界被破除了，乡土、家族、家庭和个人的界限反而一天天加强了。这样，破除国界、实现一统的主张实行的结果，就是去掉了十几个大国，却又生出来数百数千以至数不胜数的小国，把拥有四亿同胞的完整大国变成四亿个小国，造成一盘散沙的局面。这是我们中国两千年来司空见惯的情状。因为缺乏国家观念，所以人民不会把政府作为国民的代表，认为政府应该为国民服务，反而认为政府是天帝的代表，是代表天帝来管理国民的。所以政府屡屡废黜又建立，而国民却认为跟自己没有关系，因为在他们看来，苍天已死，而黄天当立，白帝被杀，而赤帝临朝，改朝换代都是天意，和下界的普通百姓有什么关系呢？我们中国人受到地理交通的影响，安心待在自己出生的地方，已经限制了自己的眼界，又受到这些学说的影响，所以导致没有国家观念，又有什么好奇怪的呢？

虽说如此，只知道有世界观念却不知道有国家观念，这不过是一时的错误认识，随着时代的变化，这种错误认识也就自然会消失了。这种错误的认识是因为地理交通而引起的，如今世界交通发达，帝国主义列强和我们就像是比邻而居一样，闭关锁国维护国家统一的形势已经被打破了，这样一来国家之间的竞争在所难免，中国将进入多事之秋，但又怎么知道在这种深深的忧虑中，中国不会开启多难兴邦的新征程呢？因为理论宣传而引起的错误认识，现在随着西方新思想的输入，古代的思想观念一定会和现在西方的思想观念相调和，变通、利民的思想的理论就会昌盛，这样一来，人们就自然明白不管是采用王道还是霸道，都难以促成大一统的局面，国家观念也一定会越来越深入人心。可是最难变通国民观念的，还是中国"个人只知道有个人却不知道有国家"这种自私自利的观念。

那些独善其身、洁身自好的人，把关心国家大事、为国家做贡献当成自己的负累，能躲就躲。而那些心甘情愿做有权有势者家奴和走狗并自诩为忠诚的人，也不过是为了个人的功名利禄才去为国家工作。他们看到有利可图、有权可掌，就像蚂蚁看到食物一样趋之若鹜。并且他们自己还发明了一种道德来掩饰自己的丑恶、美化自己的名声。如果不是因为有这些人的这种道德观，那么两千年来与我们中国交往的各个国家中，虽然没有什么文明大国，但是周围那些文明程度低的小国家，难道不算是国家吗？所以，说他们是因为没有看到同等级别的其他国家出现才造成他们缺乏国家观念，谁会相信呢？如果我们试着看一下自从刘渊、石勒以来，这些少数民族的侵略者入侵中原的时候，哪一个没有汉族人为他们奔走效力，争当开国元勋，残害自己的同胞呢？在古代，嵇康的儿子嵇绍在魏国出生，晋朝入侵，篡夺了魏国的国君之位，并杀死了嵇绍的父亲嵇康，但是嵇绍却觍着脸侍奉与他有着不共戴天之仇的敌人——晋朝，并且还因为舍身保护晋惠帝落得乱箭穿身的下场，却自以为是在践行尽忠的道德。

后世那些睁着眼睛说瞎话的史学家也胡诌他的死体现了尽忠的美德。我非常惋惜那些最为完美、最为高尚的尽忠道德，就这样被这些无耻之徒糟蹋殆尽了。这没有别的原因，就是因为他们一门心思为自身的利益钻营。这些人认为只要有人能给我带来荣耀财富，我愿意为他舔身上烂疮流出来的脓，只要有人能够给我带来尊贵的权势，我愿意给他磕头。至于这些荣华富贵是哪里来的，我又何必去问呢？像这类缺乏国家观念的中国人，根本不是受地理交通和理论宣传的影响才得这种奴才病的。地理交通和理论宣传不管怎么变，这些人的奴隶根性都深入骨髓不会变化。哎呀！我又能拿这些人怎么办呢？你们难道没有见到八国联军攻入北京的时候，家家户户都在门头挂起了顺民的旗帜吗？联名给侵略者送德政伞的人有成百上千。唉！实在是太令人痛心了！我说到这里，只感到双目都无法怒视，怒发都无法冲冠了，我只能感到胆战心寒，只能感到肉麻无比。尽忠尽忠，只是向权势尽忠罢了！只是向利益尽忠罢了！想要预知将来，不妨看看过往。将来世界上哪里成为权势和利益的中心，哪里就是四亿忠臣尽忠的中心。只是不知道中国到时候还存不存在了？

哎呀！我不想再多说什么了！我不敢指望我的广大同胞能够将自己所怀抱的利己主义铲除殆尽，我只希望他们扩展自己的利己主义，巩固自己的利己主义，研究明白怎么做才能真正地利己，怎么样才能保护好自己的利益，使其永远不会丧失。只有真正养成国家观念，才能真正成功保有自己的个人利益。同胞们！同胞们！请不要说我们的国土广阔就足以依赖，罗马帝国全盛的时候，国土面积也不比我们现在的国土面积少啊。不要说我们的民众众多就足以依赖，印度土生土长的国民也有两亿多呢。不要说我们的文明程度高就足以依赖，古希腊的雅典，当它还是一个独立国家的时候，文明天下第一，等到他们服从外族侵略者的统治，文明就逐渐萎靡不振，以至于最终消亡了。而我国在被元朝的蒙古人统治的时候，知识分子全都要学习蒙古的语言文字（这在《廿二史札记》中记录得非常清楚），汉族的语言文字几乎中断了。所以说，只有国家才是我们赖以依靠和安身立命的父母！没有父亲，我们仰仗谁呢？没有母亲，我们依靠谁呢？没有了父母的庇护，我们就会茕茕独立，凄凄凉凉，谁会来可怜我们呢？等到有个三长两短，我们就会一命呜呼了。想来想去，我的恐惧和忧虑至今都没有停止！

# 第七节　论进取冒险

世界上没有什么能够静止不动的事物，不是高歌猛进，就是倒退，人生是和忧患共生共存的，如果害怕艰难险阻，就一定会跌落进艰难险阻的旋涡。我看现在世界上的各个国家中，退步的速度之快与危险的程度之高，没有哪一个能比得上中国，我因此而感到恐惧。

欧洲的各个民族之所以比中国强，原因不是只有一个方面，他们的国民富于进取冒险的精神，大概是其中最为主要的一个方面。现在我们不举远的例子，就说最近的吧。当罗马解体之后，欧洲人满为患，大家为了争夺生存空间纷纷展开竞争，争斗得没日没夜。那时候就有一个穷苦人家出身的孩子，他独自一人漂泊万里寻找出路，曾经四次带着船队航海而一无所获，当时船上的人都绝望到极点，但因为他坚持不能打道回府，所以大家都把怨恨之气积聚到他身上，几乎想要杀了他、去喝他的血才能解恨，但是他却勇往直前、百折不挠，终于发现了美洲新大陆，为国民开辟出一个新的世界，这个人就是西班牙的大航海家哥伦布。当罗马教皇的权势如日中天的时候，各个国家的君主都心甘情愿地臣服在他的脚下，当时却有个僧侣（天主教的教士不娶妻生子，因此日本就借佛教僧人的名字来命名天主教的传教士，我现在遵从日本的叫法）在教廷之上悍然发布了96条檄文，揭露旧教的罪恶，提倡新的学说，号召天下人进行宗教改革。教皇率领上百位王侯召开法会，拘押了这位僧侣并审判他，要他更改自己之前的言论，但这位僧侣从容大方地对簿公堂，侃侃而谈，慷慨陈述自己的主张，不屈不挠，最后才开创了信仰宗教自由的先河为人类增进幸福，这位僧侣就是日耳曼的马丁·路德·金（Martin Luther King）。一架小舟环绕地球一周，要经历重重波涛，三年才能够回到故乡，但一个人却临危不惧、开拓进取，最终开通了太平洋航线，为东西两个半球开凿出一条沟通交往的通道，这个人就是葡萄牙的麦哲伦（Magellan）。一个人孑然一身深入非洲内陆探险，穿越过绵亘千里的撒哈拉沙漠，对抗瘴气的袭击，对抗蛮族的袭击，对抗猛兽的袭击，几十年如一日，最终使整个非洲地区开通，成为白人的殖民地，这个人就是英国的利文斯敦（Livingstone）。十六到十七世纪之间，新教和旧教之间的争斗正处于非常激烈的时期，日耳曼人发誓要杀光所有的新教徒不留一个活口；那时候波罗的海沿岸有一个小国家，却如螳螂当车般张开自己的双臂去为人类请命，为上帝复仇，率领一万六千名精兵强将，横跨过欧洲大陆，拯救人民于水火之中，避免生灵涂炭，即使牺牲自己也绝不后悔，这个人就是瑞典国王阿多发（Adolphus）。俄国受到蒙古的侵略和蹂躏之后刚刚恢复元气，国家积贫积弱，人民文化程度低下，这些都不用细说，当时的俄国统治者隐藏自己的身份去国外学习，混迹在普通百姓中间做学徒、做用人，终于学得了国外先进的文明与技术，并把它们传授给自己的人民，才使得俄国最终成为现在世界上的第一大国，并且耀武扬威有吞并世界的气势，这个人就是俄国沙皇彼得大帝（Peter the Great）。英国自从伊丽莎白女皇之后，因为不断取得胜利而骄傲自满，君主立宪制这样完美的政体逐渐开始摇摇欲坠；那时候有一个在穷乡僻壤放牧的人，他挥舞自己的手臂举起起义的大旗，发动国会军，与政府浴血抗战了八年，最终俘虏了独裁专制的国王，重新开启宪政，使得英国成为文明政体的发源地，使英国国旗高高飞扬在祖国大地的上空，这个人就是英国的克伦威尔（Cromwell）。在当初美国仍然受到英国殖民主义者统治的时候，苛捐杂税非常繁重，个人权利被肆意践踏，人民感到生活艰难、苦不堪言，当时有一个在山谷中务农的人，叩响自由的钟声，揭起独立的大旗，虽然无依无靠却敢于拉起队伍对抗强敌，最后才能在新世界上建立起强大的美国，使美国几乎成为二十世纪世界的主人翁，这个人就是美国总统华盛顿（Washington）。法国大革命之后，革命风潮激荡，整个欧洲大陆都被革命的热潮所震慑，全国上下局势很不稳定，那时候有一个小军队中出现一位矮个子将领，他奋发出建功立业的野心，远征埃及，远征意大利，席卷整个欧洲，建立起强大的帝国，又率领四十万大军远征强大的俄国，向北深入一千余里，即使战争失败也没有挫伤他的锐气，这个人就是法国皇帝拿破仑（Napoleon）。荷兰是西班牙的殖民地，受到西班牙宗教的压制，又因为西班牙的暴虐统治而憔悴不堪，全国各地都能看到西班牙人骑着高头大马横冲直撞，那时候有一位亡命志士，他在日耳曼集结强大的军队，试图收复荷兰的国土，浴血奋战了三十七年，才最终赢得荷兰独立，恢复了国家主权，虽然这位志士不幸牺牲在狙击手的枪口下却绝不后悔，他的复国精神也永垂不朽，这个人就是荷兰的威廉·埃格蒙特（William Egmont）。

美国在几十年前，蓄养奴隶的风气非常盛行，人道主义基本荒废了，美国的南部和北部因为是否废除奴隶制的观点不同而对立，国家几近于分裂的局面，但是有一个船家出身的人，把正义和公理作为自己的铠甲，把民族大义作为自己的武器，毅然决然地抛开妇人之仁，组织军队发起义战，牺牲了少数人的利益，维护了大多数人的利益，使得国家趋于稳定同一，他将自己的全部身心奉献给国民，最终才实现了平等、博爱的思想，制定国家宪法以供各个国家效仿，这个人就是美国第十一任总统林肯（Lincoln）。罗马被外敌灭亡了，遗留下来的忠贞爱国的抗敌志士寄居于其他民族的屋檐之下，被当作奴隶一样使唤，被当作牲畜一样看待，当时有一位年方二十的翩翩少年，他发展地下武装组织，力图推翻伪政府，虽然因为斗争失败不能实现自己的愿望，只能暂时逃到国外，但他却致力于从事青年教育事业，唤起整个国家之魂，最终使自己的祖国完成了独立统一的大业，成为世界强国之一，这个人就是意大利的马志尼（Mazzini）。类似这样的人很多，我在上面只不过是举出几位比较有名气的贤达人士为例而已，其他像这样的豪杰之士，在历史上数不胜数，如果要把他们的事迹在纸上罗列出来，就是五辆车都装不下，就算是单单统计一下他们的名字也统计不完。怎么样？壮观吧！后代阅读历史的人从他们身上撷取芬芳，从他们身上汲取精神，崇拜他们，为他们欢歌鼓舞，却不知道他们当时是敢于说别人不敢说的话，敢于做别人不敢做的事。他们的精神就像是江河奔流不到大海绝不停止的气势，他们的气魄就像是面临危难破釜沉舟时眼睛眨都不眨的气概。他们看待他们的主义，有天上地下唯我独尊的自豪，他们为践行自己的主义奋然前行，有鞠躬尽瘁死而后已的志向。如果他们成功，是因为他们殚精竭虑才获得了历史的光辉与荣耀；即使他们失败，他们也用自己迸溅的鲜血洗刷了国民沉重的罪孽。呜呼！为什么会这样呢？只是因为他们甘愿去进取，甘愿去冒险。

进取冒险精神的本质是什么呢？我没有办法命名它，只能把它叫作浩然之气。孟子对浩然之气的解释是：浩然之气的产生，是和正义与公道相配合的。如果离开了正义和公道，浩然正气就会消失。孟子又说：浩然正气是正义积聚在胸中的自然表现，不是谁假冒正义就能够形成的，如果言语行为让良心不安，浩然正气也会消失。因此，人有了进取冒险精神就能够生龙活虎，人如果没有进取冒险精神就会如行尸走肉，国家有了进取冒险精神就能够傲立于世，如果没有了进取冒险精神就会自取灭亡。而能够养成浩然正气、发现浩然正气的人，他们本身品性的根基就非常深厚，这不是本身品性薄弱的人所能假装拥有的。分析一下浩然正气形成的因素，有四个方面：

一是浩然正气生于希望。亚历山大大帝率领军队出征波斯，在临行前把自己所有的子女和财产都分给了各位大臣，自己丝毫不剩。各位大臣说："君主您把一切都给了我们，那么您自己还留有什么呢？"亚历山大大帝说："我还给自己留下了一样东西，那就是希望。"说得真是太好了！希望对人就是这么伟大而有力。无论从哪个方面来说，人生都有两个世界，从空间论上来说，人生活在现实世界和理想世界；从时间上来说，人生活在现在世界和未来世界。现实世界和现在世界，属于人的行为；理想世界和未来世界，属于人的希望。而现在所践行的现实，正是以前所怀抱的理想的实现；而现在所怀抱的理想，又将成为将来所践行的现实的目标。因此，现实世界是理想世界的子孙；未来世界是现在世界的父母。因此人类能够胜过飞禽走兽，文明人能胜过野蛮人的原因，就在于他们有希望、有理想、有作为。所怀的希望越大，人类进取冒险的程度就越强。越王勾践当年成为吴国的俘虏而居住在会稽，坚持把柴草作为床褥以磨砺身心，坚持把苦胆作为粮食以锤炼意志，他的心中一天也没有忘记要重建越国、消灭吴国的决心。摩西率领愚昧不化、轻薄浮躁的犹太人脱离埃及，在广阔的阿拉伯沙漠徘徊流离了四十多年，只是因为将来一定会找到一片葡萄繁熟、蜜乳芬芳的迦南乐土的希望激荡在他的胸中。王阳明的诗这样说："人人有路通长安，坦坦平平一直看。"难道当年勾践眼里看到的只是吴国的会稽吗？难道当年摩西眼里看到的只是迦南乐土吗？因此，大丈夫在人世间生存，之所以百折不挠，是因为他们每个人的心中都有第二个世界，并把这个第二世界作为自己归宿的故乡，他们各自满怀着希望奔走在没有尽头的漫漫长途上。世界能够一天天进步，也是因为有希望的缘故。因此他们在现在世界、在现实世界，不惜绞尽脑汁，滴落汗水，因为劳作让手脚长满老茧，甚至抛头颅、洒热血也在所不惜，这难道是徒劳无功吗？他们付出的努力终将获得回报。西方哲学家曾经说："上帝对众生说：'你们想要的东西，我全部都会给你们，但你们应当为它们付出同等的代价。'"进取冒险就是实现希望的必要代价。那些飞禽走兽和野蛮人，饿了的时候就去寻找食物，吃饱了就只知道嬉戏玩耍，只知道有今天，却不知道有明天。人类之所以能够区别于飞禽走兽和野蛮人，就在于人类能够为了明天而奋斗。人类为之奋斗的目标可以是三天、五天、七天、十天、一个月、一年、十年、百年、千万年、亿年、兆年、京年、垓年、无量数年、不可思议年，这些都是一个个明天积累起来的。如果只知道过好今天就行了，那么进取的念头就消失了；如果只知道在今天获得短暂的安乐，那么冒险的气概就消亡了。像这样，等于是放弃做人的标准，心甘情愿沦为禽兽。我从这里知道进取冒险的精神不能停止是多么的重要。

二是浩然之气生于热心赤诚。我读司马迁的《史记·李将军列传》，读到其中这样一段：李广将军外出打猎，发现草丛中有一块石头，但他把这块石头看成了一只老虎，于是搭箭射杀它，结果这支箭深深地插进了石头里，只露出箭尾的羽毛。李广将军射中石头之后近前查看，才发现自己射中的是一块石头。之后他又再度搭箭向石头射击，但是却再也不能射进石头中了！读了这个故事，我不能不感慨，人的能力其实是没有确定的界限的，也是没有确定的程度的，只是因为热心赤诚的界限和程度不同而有所差异。如果一个人在做事情的动机上只有一点点的差异，那么在结果上却会有很大的悬殊。从这里，我深深地知道，从古至今的英雄豪杰、孝子烈妇、忠臣义士，以及那些热心的宗教家、政治家、美术家、探险家，他们之所以能够做出一番惊天地、泣鬼神的事业，威震宇宙，使宇宙焕发出无限生机，都是有原因的。法国文学家雨果曾经说："妇女相对而言是弱者，但是他们以母亲的身份保护自己孩子的时候，就会表现出强者的风范。"那么，这些弱小的妇女是怎么变成强大的母亲的呢？只是因为她们有一颗爱护自己孩子的赤诚之心，她们虽然平时娇弱得连衣服都承受不了，就像是小鸟一样惹人怜爱，但是她们却可以为了自己的孩子，在千山万壑之中独来独往，即使幽深的山谷中有虎啸狼吟的恐怖之声，有神奇鬼怪出没，她们也没有什么可害怕的，也没有什么可躲避的。真是太了不起了！热心赤诚的爱子之心能让柔弱的妇女变成勇武的金刚啊！朱寿昌不愿意当官去行乞，风里来雨里去，是因为爱他的父母。豫让用油漆毁了自己的面貌，吞下木炭毁了自己的声带，披头散发隐瞒身份去仇人之家做奴隶，是为了找机会给死去的国君报仇，这是爱他的国君。诸葛亮带病率领大军北伐曹操，在五丈原抛洒热泪，从此踏上征途永不回头，是为了要报答自己的知己刘备。克伦威尔甘愿冒着杀死国君这样大逆不道的罪名去推翻独裁统治，又两次解散国会，被很多人认为有专制独裁的嫌疑，但是他却毫不害怕这种流言蜚语，是因为他爱自己的国民。林肯发动南北战争时，不顾念国家会因此而分裂，也不害怕国民会因为战争而生灵涂炭，毅然决然地颁布了废除美国南部奴隶制的法令，是因为他崇尚公理和正义。十六和十七世纪期间，新教徒为了抵抗教皇的统治，斗争了两百多年，为此而死的人成千上万，但却没有人为此而后悔，这是因为他们爱上帝、爱自由。十九世纪时全欧洲爆发革命浪潮，无数仁人志士抛头颅洒热血前仆后继，也是因为那里的国民爱国家也爱自身。男女之间两情相悦，就会不顾父母的反对，不顾舆论的谩骂，即使是经历百折千回也要在一起，甚至殉情也在所不惜。难道人的本性不是热爱生命厌恶死亡的吗？除非自己所热爱的东西比生命更重要，所以才能够为了自己所热爱的东西放弃自己的生命。《战国策》里有这样一个故事。有一个人在集市上看见别人的金子就把它揣进自己的怀里，官兵抓住他进行审问，这个人说："我在拿别人的金子的时候，眼里只看见金子，看不见旁边有人哪！"那些英雄豪杰、孝子烈妇、忠臣义士，甚至是那些热心的宗教家、政治家、美术家、探险家，当他们为他们所信仰的主义而献身的时候，他们慷慨赴死，为了自己的目标毫不退缩，这和只看见金子看不见旁人的攫金者不是一类人吗？像他们这样的人，一般人认为不该做的事情他们做，一般人认为做了对自己没有好处的事情他们做。他们哪里只是没有看见旁人，甚至都没有看见自己。我不知道该怎么去定义这种人的表现，权且认为他们是充满激情的人吧。激情，是热心赤诚的品性中最高尚的表现形式，它感动着人们、驱使着人们，激励着人们踏上冒险进取的征途。而这种热心赤诚又不仅仅是由所热爱的东西来促进，伤心到了极点、愤怒到了极点，生死攸关的时刻，也往往会成为触发热心赤诚的导火索。处在着火的房子里，一个弱女子也能拖着千斤重的米柜逃出火场；陷入重重包围的敌阵之中，疲乏的战马也会想方设法突围出去。因此可以说：不具备拼搏的精神就不会激发奋起的勇气，不具备外界的刺激就没有前行的动力。该表达热爱的时候不去热爱，该表达悲痛的时候不去表达，该释放怒火的时候不去释放，处于危险之中了却不知道危险，这都是丧失人性的表现。从这里，我知道不能够放弃进取冒险的精神是多么重要了！

三是浩然正气生于智慧。人民之所以畏缩不前，是因为没有彻底明白事理。孩童和妇女最害怕鬼，到了晚上就不敢出门；文明程度低的民族最害怕所谓的凶兆，如果占卜没有吉利的结果就不敢有所作为，见到日食或者彗星出现了，就害怕地躲藏起来，像什么星期五不适宜出门，十三人不敢一起吃饭，这些也都是西方的迷信习俗。像这样，观念上认识有盲区，做起事情来畏手畏脚。如果河滩之中礁石错落，河流湍急流淌，不通水性的人不敢泅渡过河；大雪纷纷覆盖郊野，满坑满谷都被盖满了，不能识别地形地貌的人不敢跋涉山川。对于事情不能够彻底弄明白，自然底气就不足；底气不足，自然就会丧失进取冒险精神。因此王阳明把获取知识和付诸行动作为他的思想的根本主张，实在是深明智慧对于行动不可或缺的表现啊。哥伦布敢于带领船队横渡大西洋并一直向西，是因为他深深地相信地图上所说，只要沿着那个方向航行，就一定能够航行到大洋彼岸找到美丽的新世界。格兰斯顿坚持爱尔兰自治，是因为他深信民族主义和自由平等主义，知道如果不这样的话，英国和爱尔兰就不能和平共处。要是身后有猛虎追击，那么人肯定会跑得特别快，穿越山洞和丛林就像是在平地上跑一般；如果大火已经烧到房梁上了，那么人就会像飘飞的蓬草一样飞檐走壁，想方设法翻窗越户去逃难。这是因为人们知道老虎和大火能置人于死地，所以不能够不冒着次要的危险来躲避这种必死的危险。而那些还在吃奶的孩子，一定不会知道猛虎和大火的可怕，在危险来临的时候还在嬉笑玩耍，安然自若。因此进取冒险的精神，又往往因为人的见识的高下不同而有所差异。想要养成浩然之气，首先必须得积累自己的智慧，这不是随便说说的空话。如果不去积累自己的智慧，就会变成宗教教义的奴隶，变成古代贤哲的奴隶，变成风俗习惯的奴隶，变为居于上位那些有权有势者的奴隶，以至于变成自己心的奴隶，心又成为四肢和身体的奴隶，结果人就被重重的重负所束缚，就会奄奄一息，完全丧失了人生的乐趣。从这里，我才知道不能丧失进取冒险精神是多么的重要！

四是浩然正气生于胆力。拿破仑说："'难'这个字，只存在于那些愚钝的人的字典之中。"他又说："'不能'这两个字，法兰西人是用不到的。"纳尔逊："我从来没有见过所谓可怕的东西，我不知道'可怕'是什么东西。"（纳尔逊是英国的著名将领，也就是率军打败了拿破仑海军的那个人。他在5岁的时候，曾经独自在山野漫游，结果遇上疾风骤雨、打雷闪电，一整个晚上都没有回家。等到他的家人派人找到他的时候，发现他一个人正襟危坐在山顶上的一个破屋里。他的祖母责骂他说："哎，你这个孩子实在是太奇怪了，打雷闪电这样恐怖的景象，竟然都不能驱赶你回家吗？"纳尔逊却回答说："害怕？我从来没有见过'害怕'，也从来不知道害怕是什么东西！"这就是他说的话，实在是振奋人心，如果把它翻译成汉语，实在不能反映出其中精神的万分之一。哎呀！直到今天，我读到这句话，仍然感到精神被他所激励。）难道这些精神气概天生属于伟人，我们平常人永远无法具备？还是我们每个人都有这种精神气概，但是却没有发挥出来呢？拿破仑经历过的艰难险阻多了去了，纳尔逊所经历的那些令人生畏的情形也不少。但是他们却能够面对这些险境泰然自处，不是因为别的，而是因为他们身上所具备的这种浩然之气帮助他们战胜了这些困难。

佛法上说：三界唯心，万法唯识。面对那些我们看上去不能克服的困难，足以令人心生恐惧的情景，只要我们认为能够克服这些困难，能够不再心生恐惧，那么这些困难和恐惧就不再是困难和恐惧了。这种真理的确不是一般缺乏慧根的俗人所能够领悟到的。即使就像上面所说的，仍然有两种说法需要我们去了解。一个人如果患上了疾病，即使是像牙疼、感冒之类的小病，也会影响到这个人的精神气质的外在表现，看上去萎靡不振。大概是人的气力和体魄是相互依存、互为作用的吧，这是一种说法。另外，生活条件越差人越要强，生活条件越好人越苟且，这是人生存的常理。曾国藩曾经说："人应该注意身体的强弱，但也不应该过分在意，精神越用就会越旺盛，阳气越张扬就会越兴盛，如果只存有不舍得付出精神的心理，推三阻四，缺乏冲劲，做事情绝对不能成功。"这又是另一种说法。这两种说法告诉我们：平时注意健身、养生，那么胆力也会与日俱增，就像拿破仑、纳尔逊、曾国藩，他们都是具有进取冒险精神的英雄豪杰，永远成为后辈效仿的典范。（曾国藩虽然最喜欢说做人要踏实进步，谨慎小心，但是如果仔细阅读他的全集，就会清楚地发现其中有很多进取冒险的精神。）从这里，我才知道不能丧失进取冒险精神是多么的重要！

危险啊！我们中国人缺少进取冒险精神的特质，从古代就已然是这样了，到如今更是每况愈下了。说什么"知足不辱，知止不殆"，说什么"知白守黑，知雄守雌"，说什么"不为物先，不为物后"，说什么"未尝先人，而常随人"，这些都是老子的昏聩之言，我都不屑于讨论。而那些声称要学习孔子的人，又常常不能完全领会孔子的主张，只知道断章取义为己所用。比如，这些人取孔子的"狷"主义为己用，却抛弃了孔子的"狂"主义；取孔子的"勿"主义为己用，却抛弃了孔子的"为"主义。（"勿"主义指的是，人要克制自己的感情，存天理灭人欲的学说，比如"非礼勿视"四句强调的就是这个意思；"为"主义指的是，人要做学问办实务的学说，比如"天下有道，某不与易"等强调的就是这个意思。）取孔子的"坤"主义为己用，却抛弃了孔子的"乾"主义；（地道、妻道、臣道，这是"坤"主义；自强不息，这是"乾"主义。）取孔子的"命"主义为己用，却抛弃了孔子的"力"主义。（《列子》有《力命篇》，《论语》中说孔子很少谈天命，又说孔子也不谈"人力"，其实"人力""天命"都是孔子经常谈到的东西。不违背天命，又践行人力，这方面的主张对孔子而言是很明确的。）这些主张学习孔子的人，称道孔子这些话包括"乐则行之，忧则违之"，"无多言，多言多患；无多事，多事多败"，"危邦不入，乱邦不居"，"孝子不登高，不临深"……这些话，都是孔子的门徒们所流传记录下来的，但是语言往往不只有一个意思，孔子说这些话的语境不同，他所表达的意思也不能一概而论。孔子又何尝把自己的这些话当作放之四海而皆准的不刊之论呢？可是后来那些世俗之人为了达到自己的目的，求取便利为自己谋利，就挂羊头卖狗肉，把孔子言论的皮蒙在老子的言论上。这样一来，进取冒险精神就离我们中国人越来越远了。如果我们试着翻看十七史的所有人物列传，能找到像哥伦布、利文斯顿这样的人吗？回答是：当然找不到。那么我们能找到像克伦威尔、华盛顿这样的人吗？回答是：当然找不到。即使能找到一两个像上面列举的那些人，他们也肯定会一辈子受到整个社会的屠戮、侮辱和非议。全社会不是骂他们好大喜功，就是会骂他们六亲不认。这样的风气已经积累了上千年，也已经毒化了一代又一代，而那些才华出众的人一表现出出类拔萃，就会被整个社会明里暗里扼杀掉，结果导致整个国家的人都像是被阴气笼罩，拖着奄奄一息的病体，像是弱质纤纤的女流一样，浑身散发着暮色沉沉的气息。哎呀！一个这样广大的国家，只有女德却没有男德，只有病夫却没有壮士，只有暮气却没有朝气，甚至只有鬼道却没有人道。恐怖啊恐怖！我不知道这样的国家怎么能够在世界上立足？读者朋友们，你们晚上能睡得踏实吗？我的担忧却是一天比一天重了啊！现在让我挥琴抚弦，慷慨高唱《少年进步之歌》，寄语中国人奋进、崛起。歌词如下：

Never look behind, boys,

When you're on the way;

Time enough for that, boys,

On Some future day.

Though the way be long, boys,

Face it with a will;

Never stop to look behind

When climbing up a hill.

First be sure you're right, boys,

Then with courage strong

Strap your pack upon your back;

And tramp, tramp along.

When you're near the top, boys,

Of the rugged way,

Do not think your work is done,

But climb, climb away.

Success is at the top, boys,

Waiting there until

Patient, plodding, plucky boys,

Have mounted up the hill.


少年们，当你们踏上征途，

不要回顾来路；

少年们，在将来的某一天，

这样的日子还有很长。

少年们，虽然这征途漫漫，

但是带着希望去面对未来吧；

永远不要停下脚步去回顾来路。

少年们，当你们要攀登高山，

首先必须确定你们选择了一条正确的道路，

然后胸怀强大的勇气，

背上你的背包，

踏着沉重的脚步前行吧，前行吧。

少年们，当你们穿越崎岖的山路

即将接近顶峰，

请不要认为你们的任务已经完成，

继续向上攀登吧，攀登吧，

胜利在最美的顶峰。

充满耐心、辛勤和勇气的少年们，

当你们爬到高耸的山顶，

再待在那里享受成功的喜悦吧。

# 第八节　论权利思想

人人对于他人都有应当要尽的责任，人人对于自己也都有应当要尽的责任。对他人不尽责任的人，可以称为间接损害群体的利益；对于自己不尽责任的人，可以称为直接损害集体的利益。为什么呢？对于他人不尽责任，就好像是杀人；对于自己不尽责任，就像是自杀。一个人如果自杀了，那么集体中就少了一个人；假如集体中所有的人都自杀了，那么就等于是集体自杀。

自己应该如何对自己尽责任呢？上天创造万物，并赋予万物足以捍卫自己、保护自己的机能，这是生物的自然规律。而人之所以能够比自然界的其他生物高贵，是因为人类不仅具有"形而下"的生存，还具有"形而上"的生存。形而上的生存，条件不只有一个方面，而懂得维护自身权利是最重要的。因此飞禽走兽把能够保全自己的生命作为对自己应尽的独一无二的责任，而号称为人类的人，则把保护自己的生命和保护自己的权利这两者相结合，然后才称得上对自己尽到了完整的责任。如果不能够对自己尽到责任，那么就丧失了作为人的资格，堕落到和飞禽走兽同样的地位。因此罗马的法律把奴隶和飞禽走兽看作是一样的，按理来说确实还算是恰当的。（用逻辑学的二段法演绎一下，表述形式如下：没有权利观念的生物是禽兽。奴隶是没有权利的生物，因此奴隶就是禽兽。）因此，形而下的自杀，所杀的只不过是一个人；形而上的自杀，就等同于全社会都甘愿变成禽兽。况且，不仅我们自身甘愿成为禽兽，甚至让自己无穷无尽的子孙后代都变成了禽兽。因此我说：不管是形而上还是形而下的自杀，都是直接损害了群体的利益。哎呀！我实在是不能理解为什么中国甘愿去自杀的人这么多！

权利靠什么取得呢？回答是：权利靠强大取得。狮子、老虎相对于其他各种走兽，酋长、国王相对于普通百姓，贵族相对于平民，男子相对于女子，大的集体相对于小的群体，强大的国家相对于弱小的国家，都是常常占据了绝对的权利优势的。这不是因为狮子、老虎、酋长等残暴凶恶，只是因为人人都想拥有权利，权利越多越好，这是天性如此。所以说，权利的产生，一定是甲先放弃了，然后乙才能侵入进去占为己有。人人都致力于强大自我来保护自己的权利，这实在是巩固自己的集体、完善自己的群体的不二法门。古代希腊有供奉正义之神的雕像的。他们建造的这些雕像，左手拿着标尺，右手提着宝剑。标尺是用来衡量权利的轻重的，宝剑是用来维护权利的实施的。有宝剑却没有标尺，这就和豺狼一样；只有标尺却没有宝剑，那么权利也只是夸夸其谈，最终归于无效。德国哲学家耶林（Jhering）所著的《权利竞争论》一书中说："维护权利的目的是为了社会的和谐稳定，而达到这个目的的方法却离不开抗争。权利受到侵犯，就一定要据理力争。如果侵犯者没有停止的日期，抗争也就没有停止的日期。直截了当地说，维护权利的生涯，就是抗争的生涯。"他又说："权利的拥有，是不断奋斗的结果，一旦停止了奋斗，权利也就归于灭亡了。"（这本书原名为*Der Kampf ums Recht*，英国翻译为*Battle Right*，耶林是司法学方面的大哲学家，生于1818年，死于1892年。这本书是他在被聘任为奥地利维也纳大学教授时所著的，在本国重版了9次，被其他国家的文字翻译成21种，这本书的价值从这里可以看出来。去年，翻译汇编这本书的翻译家，曾经用中文翻译过这本书。但只翻译了这本书的第一章，之后的内容都没有。我现在急于想要续翻这本书，希望通过这本书医治中国人的病症，正好对症下药。我在这一章节中所要谈的纲领性内容，基本上取材于耶林的著作，因此才在此叙述了一下他的生平事迹。）由此可见，获得自己的权利与保护自己的权利，都是多么的不容易啊。

先是想要通过不断奋斗获得权利，之后是不断抗争保护权利，这是权利思想在脑海中生根的作用。人人都有四肢和五脏，这是形而下的生存的必要条件。假如体内的肝脏或者肺脏，体外的手指或脚趾，有哪一个地方感到不舒服，难道不会马上感到痛苦就急着想要找医生来治疗吗？四肢五脏的痛苦，是人身体内的各个器官失去了调和的征兆，是身体内的器官被侵扰的征兆。而采取治疗，是为了让身体的各项器官停止受到侵害以求得自保。形而上的侵害也要这样应对。具备权利思想的人，一旦权利受到侵犯，那么就会受到直接刺激，产生痛苦的感情，一产生这样的想法而不能够控制，于是下决心予以抵抗，以收复自己本来的权利。四肢五脏受到侵害却不觉得痛苦的人，一定是麻木不仁的人。权利受到侵害却不觉得痛苦，那和前者又有什么不同呢？所以缺乏权利思想的人，即使说他们是麻木不仁，也是有道理的。

一个人权利思想的强弱，实在是和个人的品格息息相关。对于那些奴性十足的人来说，即使用各种恶劣、无耻的语言当面侮辱他们，他们也能泰然自若，毫不感到羞耻。对于那些道德高尚的武士，如果受到这样的侮辱，为了自己的名誉、为了雪耻，他们即使是抛头颅，洒热血，也在所不辞。那些小偷小摸的人，即使用非常丑恶、肮脏的名义损坏他们的名誉，他们也会生存得非常淡定安然。如果对于那些纯洁的商人，即使倾尽万金来挽回自己的清白和信用，他们也万死不辞。这是为什么呢？当一个人受到侵犯、压榨、污蔑的时候，精神上无形的痛苦，就会直观地感受到而不能停止。部分不能明白权利真谛的人，以为维护权利不过是斤斤计较物质利益的得失。唉！真是鄙陋啊！这是目光短浅的人才会发出的言论。比如说，我拥有的一个物品是从别人那里掠夺而来的，被掠夺的人一定会告上法庭并奋然抗争，他打这场官司所要争夺的目的，不是在于这个物品值多少钱，而是在于这个物品的主权归谁所有。因此，常常有人在打官司之前，就声明这场官司胜利后所得到的利益，全部捐给慈善机构使用。如果他们的志向只是在于获得利益，那么他们这样做就是胡来了，根本没有必要；因此他们打这些官司，可以说是道德上的问题，而不是经济上的问题。如果他们把这种官司看作是经济上的问题，那么他们在打官司之前就一定会先拿着算盘计算说："我打这场官司的费用损失的钱，和打赢这场官司之后获得赔付的钱，能够相抵吗？自己能够有赚头吗？"如果有赚头就去打官司，如果赚不到钱就不去打官司了，这是俗人的行径。像这样如此计算得失的人，对于无意识的损害，还可以用一用，比如东西掉进深渊里了，如果要雇人把它打捞上来，肯定要先预算一下掉进深渊的东西的价值和雇人的费用之间能不够相互抵偿，这是理所当然的事情。他们的目的在于获得物品的经济利益。但争夺权利却和这个不一样，争夺权利的目的不是在于得到物品的经济利益，因此权利和经济利益之间的性质是截然相反的。贪图眼前的苟安和计算蝇头小利的人，必然把权利看作是装饰品，有利可图就不放手，无利可图就放弃，这正是两种人格高和低、肮脏和洁净的分水岭。

历史上，蔺相如在渑池会上怒斥秦王说："我的头将与和氏璧同碎！"有的人可能会认为，赵国这样一个皇皇大国，怎么这么舍不得区区一块和氏璧呢？假如赵国真的舍不得和氏璧，那么为什么又要摔碎它呢？从这里可以知道，不惜璧碎，不惜杀头，不惧杀头，不畏强敌，不避国难，坚贞不屈，是因为有更重要的东西需要维护。那就是权利。耶林又说过："英国人在游历欧洲大陆的时候，有时候偶尔碰到住宿的旅馆服务人员有无理的索取，想要旅客多付房费，旅客就会毅然决然地怒斥他们。如果旅馆的服务人员受到斥责而不听，或者双方之间因为有争议迟迟难以决议，旅客往往宁愿延迟自己的行程，多花费很多天甚至几十天的时间来解决问题，这样一来所耗费的旅费和旅馆所过度索取的旅费相比，已经增加到十倍之多了，但是英国游客也往往不因此而感到心疼。那些缺乏见识的人没有不嘲笑英国游客的愚笨的，但他们哪里知道英国游客所争得的几先令，实在是使堂堂的大英帝国傲然屹立于世界的最重要的条件啊。因为根深蒂固的权利思想和敏锐发达的权利感情，是英国人之所以立国的根本吧。今天如果我们试着举一个奥地利人为例（耶林在奥地利著书教学，因此以此来鞭策奥地利人）。假设他和这位英国旅客的地位、财力等各个方面都相同，假如他遇到同样的事情，会如何处理呢？奥地利人肯定会说：'这区区几个小钱，难道值得自己为此而苦恼，并且纠缠不休吗？'肯定会直接把钱扔下就甩甩袖子出门而去。但他们哪里知道英国人所拒付、奥地利人所扔下的几个先令之中，有一个很大的关系隐藏在其中啊。那就是英国和奥地利两国几百年来政治上的发达、社会上的变迁，都从这几个先令中反映出来了。"呜呼！耶林的话，可以说是广博深厚而又恰当明了。我们中国人不妨扪心自问一下，我们这些人的权利思想，是像英国人还是奥地利人呢？

有的读者可能嫌弃上面的例子微不足道，那么请让我再举一个更大的例子。比如有两个国家，甲国用侵略的手段夺取了乙国一平方公里的荒凉不毛之地，这个被侵略的国家，是要默然接受侵略呢？还是奋然起来抗议呢？如果选择奋起抗议没有成功的话，需要继而发动战争来夺回吗？战争一旦爆发，那么国家的财力可能会枯竭，人民的财产可能被耗尽。几十万的青壮年男子，可能在一夜之间就会尸骨暴露于荒野之中；无论是帝王的琼楼玉宇，还是穷苦人民的茅草房，都会被化为灰烬。甚至于国家的宗庙也可能会被毁坏，国家的运势也可能会被断绝。这所损失掉的利益与一平方公里的土地相比，之间的差距何止是百倍、千倍、万倍？就算他们取得了胜利，他们获得的也只不过是一平方公里的贫瘠土地啊。如果按照经济学上的算法两相比较，那么发动这场战争难道不是非常愚蠢的吗？但你们难道不知道一平方公里的国土被掠夺却不敢抗议的国家，别人就能夺这个国家十平方公里的土地、一百平方公里的土地、一千平方公里的土地？这样的势头发展下去，不到整个国家都屈服，对方是不会停止的。像这种逃避竞争贪图安逸的主义，就是在使国家丧失整个国家在地球上立足的资格。因此，受到几个先令的欺骗和侮辱而默然忍受不反抗的人，也会在自己被宣告判处死刑的时候顺从地签上自己的名字而毫不反抗。被夺取了一平方公里的土地却不能够愤怒地发动战争的国家，也会把生养自己的祖国的全部国土卖给敌人，自己心中却毫无反应。这样的佐证难道远吗？回过头来看一看我们中国，就会使我惭愧惊悚到无地自容了！

不用和盎格鲁-撒克逊人相比，也不用和条顿人相比，更不用和欧洲的白种人相比，就让我们试着和与我们国家邻近的日本相比吧。四十年前，美国的一艘军舰一开到日本，不过是要观测一下日本的海岸线，但日本全国上下不管是政府官员、知识分子、农民、工人、商人、僧人、俗人……没有不怒睁着双眼咬牙切齿的，他们挥舞着手臂进行游行抗议，整个社会风起云涌，最终举国上下一致尊王攘夷，成就了维新大业。但在同一时期，我们中国却被英法联军火烧圆明园，签订《南京条约》，割让香港，开放五口通商口岸。试问，当时我们中国人在感情上有什么反应呢？在八年前，俄国、德国和法国三国联合逼迫日本归还它所侵占的中国的辽东半岛，这不过是让它把从别人手里抢来的东西还给原主罢了。但是日本仍然心有不甘，全日本不管是政府官员、知识分子、农民、工人、商人、僧人、俗人……没有一个不是怒睁着眼睛咬牙切齿，挥舞手臂游行抗议，整个社会风起云涌，迫不及待地扩充军备实力，卧薪尝胆，到现在都耿耿于怀。但我们中国人割让胶州、旅顺等六七处海港作为列强的军港，并任由列强在中国的领土上划分势力范围，之后八国联军攻入北京，北京和河北等地生灵涂炭，试问我国国民的感情又是怎样呢？按照他们的聪明才智，竟然不知道抗议一句："中国的主权不容侵犯！"中国人有权利时却不懂得珍惜并以之为荣，当他们失去权利的时候也感受不到失去权利的痛苦。一句话来概括就是："我们中国人缺乏权利思想罢了。"

我们中国古代的哲人们教导我们说："宽柔以教，不报无道。"还教导我们说："犯而不校。"又教导我们说："以德报怨，以直报怨。"这自然是以前的哲人们根据自己所处的时代有感而发的，高风亮节的君子们偶尔实行一次还行。虽然其中有足以令人肃然起敬的人，但是世俗之人却断章取义，假借圣人的言论来掩盖自己害怕冲突、逆来顺受的劣根性，让一代又一代的中国人上当受骗。比如说什么"百忍成金"，说什么"唾面自干"，这难道在社会上已经成了做人的美德了吗？一个人竟然达到了"唾面自干"的地步，恐怕世界上最麻木不仁、毫无廉耻之心的人在他们面前也会自惭形秽。如今有些人竟然想要率领全国国民向这样的人看齐，是要率领全国人成为没有骨气、没有血性、没有浩然之气的怪物，我真不知道要说他们什么才好。中国社会几千年来，受到这样的间接的误导，把错误的看成是正确的，并把对错混为一谈。这样的歪理邪说，使得有志气的人不被理解，日日消磨了自己的斗志，而那些怯懦的人却对自己的恶劣行径有了振振有词的借口。这些怯懦的人遇到比自己强的人，刚开始的时候是步步退让，继而是感到恐惧，最终要去谄媚讨好。弱小的人变得越来越弱，强大的人变得越来越强，奴隶的劣根性一天比一天强。对一个人的发展来说是这样，对整个群体的发展来说也是这样，对自己的国家是这样，对外国也是这样。置身在这样生存竞争最激烈的世界斗兽场中，我不知道中国人该如何生存发展。

大体来说，中国人喜欢说仁，而西方喜欢说义。仁，也就是人。我给别人带来好处，别人也会给我带来好处，所看重的常常在于我对别人如何。义，也就是我。我不去伤害别人，也不允许别人伤害我，所看重的常常在于自己。这两种道德哪一个是人类品德的终极指归呢？在千千万万年之后，世界能不能进入大同太平的世界，我不敢说。如果在今天，那么义确实是拯救时弊，使社会达到道德顶点的必经之路。一个人如果只是对别人好，替别人考虑，甚至毫不利己，专门利人，虽然不是侵犯了对方自食其力的自由，但是一个人如果总是等着别人对自己好，替自己考虑，那就等于说放弃了自己自食其力的自由。为别人无私奉献的人越多，那么等着别人为自己无私奉献的人也就越多。这种弊端在于，那些毫不利己、无私奉献的人致使那些只知道接受别人恩惠的人的人格变得一天比一天卑下。（一百多年前，西方的欧洲国家把施舍接济贫民作为政府的责任，但是贫民却一天比一天多。后来欧洲国家的政府悟出这个道理，就把接济施舍贫民的政策取消了，结果国民反而越来越殷富足了。君子用德行来仁爱别人，不越俎代庖大包大揽，也绝不姑息别人的恶习。因此，每个人都能够自我独立，不依赖他人，这是最好的策略。如果一个人宣扬说全天下的人都要毫不利己无私奉献，这难道不是降低了别人的等级，使别人低自己一等吗？）同理可见，统治者宣扬施行仁政，这种政体并不是最为理想的。我们中国人就只会一天天盼望着君主施行仁政。因此，遇到那些仁德的君主，国民就会甘心做婴儿，事事由统治者操心；遇到不仁德的君主，国民就会变成案板上的肉，任人宰割，听天由命。因此，我们的国民数千年来一直遵循着祖宗遗留下来的教导，把受人鱼肉、任人宰割看作是天经地义的事情，而"权利"两个字背后的思想，早就在中国人的脑子里消失了。

杨朱说："人人不损一毫，人人不利天下，天下治矣。"我从前最深恶痛绝这种言论，但是从今天的情况来思考的话，我发现杨朱说的其实非常有道理。他所谓的每个人都不做对天下有好处的事情，固然是缺乏公德的表现；他所谓的每个人都不能损伤自己一丝一毫的利益，却也是维护自身权利的表现。（《列子·杨朱篇》记载杨朱的徒弟孟孙阳和墨子的徒弟禽滑厘之间有这样一番问答之言："孟孙阳诘难禽滑厘说：'如果有人要把你打得鼻青脸肿，但给你万金为补偿，你愿意干吗？'禽滑厘说：'当然愿意干。'孟孙阳说：'如果有人要打断你四肢之一，但是给你一个国家作为补偿，你愿意干吗？'禽滑厘沉默了一会儿。孟孙阳说：'一根毛发比皮肤要微小，皮肤又比四肢要微小，这是大家都知道的事情。但是皮肤是靠一根一根毛发积聚起来的，肢体是靠一块一块皮肤积聚起来的，一根毛发确实只是整具身体的万分之一，但是难道因为它小，就可以轻视它吗？'"这些话和之前我所援引的英国人为了几个先令而论争的事情，以及为了一平方公里的土地而兴兵作战的事情，正是同一个道理。所以，一个哲学学派的开派大师的言论，他持有此论一定是有根据的，并不只是放纵享乐而已；如果不是这样的话，他的言论又怎么可能流行于天下，并和儒家、墨家呈现三足鼎立的形势呢？杨朱确实是主张权利的哲学家，并且他的思想也是拯救中国时势的一个良方。不过他的言论实在是太过驳杂了。）一个人即使是再过于鄙陋吝啬，再过于不值得一提，难道至于过于爱惜自己的一根毛发吗？而看他们所急于争辩的东西，并不只是为了争这一根毫毛，争的是别人损害了我的一根毫毛的所有权。（所有权也就是主权。）这是把权利思想维护到毛孔的至高表现。维护每一个部分的权利，合起来就是维护全体的权利。维护每一个人的自我权利，积聚起来就是维护整个国家的权利思想。因此想要养成这种权利思想，一定要从个人开始，每个人都不肯损失自己的一根毫毛，那么谁还敢企图掠夺他人的一根毫毛？

因此，杨朱才说"天下治矣"，这并不是空泛之谈。（西方哲学家有一句名言："人人要享受自由，必须从尊重他人的自由开始。"这实际上就是人人不损失自己一丝一毫的意思。只不过这句话不如杨朱阐述得深入、系统。）虽然如此，杨朱并不是一个真正理解权利思想的人。他知道应当保护自己的权利不要丧失，却不知道权利是从进取精神开始才产生的。放浪形骸、享乐赋闲、顺应自然、避世厌世，都是扼杀权利的刽子手，因此杨朱才津津乐道宣扬自己的主张。用这样的心态寻求个人权利，那与喝毒酒企图获得长寿有什么差别呢？因此，我们中国虽然盛行杨朱的学说，但只是熏染到他"人人都做对天下没好处的事情"这种言论的流毒，并没有实行他"人人都不能损失自己一丝一毫的利益"的理想。这都是因为权利思想薄弱造成的。

权利思想，不只是个人对于自己应尽的义务，实际上也是个人对于群体应尽的义务。比如说两军交战，同一个队伍中的人都赌上自己的性命来对抗公共的敌人，却有一个人贪图安逸，逃避竞争，拖着兵器逃跑。这个人牺牲自己的名誉，自然不必说了。而试着想一想，这个人能够有幸保全自己的头颅，而使战争之祸还没有蔓延到整个群体内的人民身上的原因，难道不是依靠同一个队伍中的人代替自己奋勇杀敌吗？假如整个军队中的将领和士兵，都像这个怯懦的士兵一样，望风逃窜，那么敌人不把这个懦弱的士兵和他的群体全部屠戮殆尽是不会停止的。一个人主动抛弃了自己的权利，与这个只顾自己逃命的懦弱的士兵之间有什么差别呢？比两军对垒更严峻的是，权利受到外界的侵害没有止息的时候，因此为了维护权利而奋起抵抗也没有停止的时候，这之后权利才开始成立。抵抗力量的大小和获得权利的大小是成正比的。我们试着用上面那个例子再深入探讨一下，一个一千人的队伍中间有一个士兵逃亡了，影响是非常小的，但是如果一百人乃至几百人都脱离军队而逃跑了，那么结果将会怎么样呢？剩下那些没有逃逸的士兵，一定不得不增加好几倍的苦战来代替这些逃跑的士兵，承担他们所遗留的负担，即使这些士兵忠勇义烈，但是他们的力量有限，也不能取得战争胜利。假如战争失败了，这和逃跑的人亲自用武器杀死了留下来奋勇作战的队友又有什么区别呢？权利的竞争，也是像这样。作为国民，大家齐心协力，各尽自己的本分，承担竞争中的责任，那么外族想要侵略和压迫自然就不可能成功了。假如有人为了逃避竞争，就从战斗中逃脱并避免了冲突，那么他就是全体国民的叛徒。为什么呢？因为他放弃抵抗，就等于给国民的公敌增加了力量，致使对方横行霸道、胡作非为的行径更加大行其道。那些目光短浅的人，认为一个人放弃了自己的权利，不过是使自己本身受到了亏待和损害，却没有影响到他人，这是多么的糊涂啊！

权利的竞争是不会停止的，而要使权利的归属明确下来并得到保障，就需要依靠法律。因此，有权利思想的人，一定会把争取立法权作为第一要义。一个群体所奉行的法律，不管是好还是坏，都是由掌握立法权的人制定并用来维护他们的权利的。权利思想强大的国民，他们的权利一定会屡次发生变化，一日比一日趋于完善。这是因为最初少数人凭着强力制定下法律维护他们的既得利益，之后多数人觉悟过来，也联合起来凭借强力要求变更法律以维护多数人的利益。权利思想越发达，人人越力争成为强者。强者与强者相遇，权利与权利相制衡，于是平和美善的新法律就产生了。即便如此，当新法律取代旧法律的时候，也往往是最激烈的竞争发生的时候。因为当一个新的法律出现时，以前凭借旧法律享有特别权利的人，一定会受到非同寻常的侵害。因此，倡议制定新法律的人，等于是对凭借旧法律拥有特权的人下宣战书。这样一来，动力和反动力相对抗，大的争斗就兴起了！这实在是生物界物竞天择的自然公理。在这个时候，新权利、新法律能不能够获得成功，全要靠抗战者的力量是强还是弱来判断，倒与他们所宣传的道理是优还是劣没有关系。在这样的过渡时代，依仗旧法律的人和提倡新法律的人，都不可能不受到大的损害。我们试着读一读欧美各个国家的法律发展史，比如建立宪政、废除奴隶制、解放农奴、劳动自由、信教自由等，这些重要的法律哪一个不是从血风肉雨的战斗中催生出来的？假如倡导新法律的人有所苟且、有所忌惮、有所姑息，只要稍稍迁就既得利益者，那么自己这里退后一步，对方必然前进一步，而所谓提倡新权利的人，最终必将归于灭亡。我们中国人几千年来不知道权利是什么样子的，也不能不说是因为一些迂腐的知识分子的妥协后退的主张变本加厉造成的。从本质上来说，权利的诞生与人类的诞生大体上是相同的。分娩所经历的阵痛是势所难免的。正是因为得到权利的过程是那么艰难，所以更应该拼尽全力保护所得到的权利。因此，这就使得国民与权利之间的感情，就像是母亲和孩子之间的关系一样。母亲生育孩子，实际上就是把自己的生命孤注一掷，因此母亲对孩子的爱不是其他人和其他事所能够改变的。权利如果不经过艰难困苦就得到了，就像是大雁产下的雏鸟，随时都会被凶猛的鹞鹰和狡猾的狐狸夺走一样。权利如果像是慈母怀中心爱的孩子，即使是千百只狐狸和鹞鹰，难道就能夺走了吗？因此，权利是从血风肉雨的斗争中产生的，权利到手之后就永远不可能再丧失。有的人会说"我不相信"，请让我们看一看日本人民拥护宪法的能力，与英国、美国人民拥护宪法的能力相比较，他们的强弱程度相比怎样呢？像这样，那些只知道鼓吹仁政的人，实在不足以谈论立国的方法。而那些盼望统治者能够施行仁政以使得自己获得一星半点权利的人，实在是因为其身上亡国之民的劣根性太明显了。

只是说要实行仁政尚且行不通，更何况说要实行暴政呢！大体而言，人类生而拥有权利的思想，是上天赋予人的品质和能力。至于后来发展到个人的权利思想有的强有的弱，有的隐藏侵略，有的趋向灭亡，这样不同是什么原因呢？这往往是因为每个国家历史、政治的浸润熏陶的程度不一样而导致的差别。《孟子·告子上》说："牛山之木尝美矣，以其郊于大国也，斧斤伐之，可以为美乎？是其日夜之所息，雨露之所润，非无萌蘖之生焉，牛羊又从而牧之，是以若彼濯濯也。"孟子用"牛山濯濯"来比喻人性本善，已经先我而说出这个道理了。牛山的树木曾经很繁茂，因为它处在大都市的郊外，常用刀斧砍伐它，还能保持繁茂吗？那山上日夜生长，受雨露滋润的树木，不是没有嫩芽新枝长出来，但牛羊接着又放牧到这里，因此牛山才变成光秃秃的了。看一看古今中外国家灭亡的历史，这些国家刚开始的时候不是没有一两个抵抗暴力统治来寻求自由的人，但统治者今天铲除一个，明天铲除三四个，长此以往，寻求自由的人就渐渐萎靡退缩，渐渐衰败倾颓，渐渐消失不闻了；久而久之，原本存在于心底的猛烈沉郁的权利思想，越受到统治者的制约就越温顺，越受到统治者的冲击就越淡薄了，以至于重新夺回自由的愿望就断绝了，而把受到统治者的羁绊和束缚看作是理所应当的事情，这样积累几十年几百年，情况越来越糟糕，国民的权利思想也就消亡了。这确实和人民的能力薄弱有关，而政府的罪过又岂能推卸呢？像这样的政府，难道曾经有哪一个能延续国家命脉存在到今天的吗？即使有一两个这样的国家，那么这样的国家也是到了风烛残年，离死亡不远了。政府用这种方法残杀国民，难道不是和自杀一样吗！政府自杀是自作孽不可活，又有什么可同情的呢？而最令人痛心的是，这种祸患已经蔓延到全体国民身上而不能疗救了。国民是由一个个普通百姓所团结集合而成的。国家权利，是由一个个普通百姓的权利所团结凝聚而成的。因此想要获得国民的思想、感觉、行为，却舍弃组成国民的每一个分子的个人思想、个人感觉、个人行为，终究是不可能实现的。国民强大的国家叫作强国，国民弱小的国家叫作弱国，国民富裕的国家叫作富国，国民贫穷的国家叫作贫国。国民有权利的国家叫作有权国，国民无耻的国家叫作无耻国。国家已经被冠以"无耻国"这三个字的名号了，却想要让这样的国家屹立在世界之上，有这样的道理吗？国民遭受宦官差役贪婪索取钱财的情况却安之若素，就一定会在遭受外国列强要割让国家土地的情况下安然自得。国民能够在权贵面前奴颜婢膝，一天到晚在权贵之间摇尾乞怜，就一定会在列强入侵的时候悬挂起顺民的旗帜，端着饭，拿着水，敲锣打鼓地欢迎其他民族的军队入侵自己的国家。假设把老百姓比作一个器物，如果器物坚固，无论什么东西想要渗透进来都不可能。如果这个器物有破洞、有裂缝，我能渗入进去，其他人也能渗入进去。统治者为了维护政权稳定，用暴政消灭了国民的自由思想，使他们逆来顺受，那么等到外敌入侵的时候，没有自由思想的国民也会向外敌摇尾乞怜，逆来顺受，导致国家灭亡。这就好像是一个人霸占了邻居的妻子，用利益诱惑她顺从自己，等到邻居的妻子成了自己的妻子，有一天这个人和别人发生了争执却想要自己的妻子替自己辱骂别人，怎么可能呢？国家统治者平时对待自己的国民，鞭挞他们，剥削他们，屠戮他们，侮辱他们，积聚成百上千年的霸者的余威，用各种各样的暴政手段把老百姓的礼义廉耻铲除干净才感到满足。等到老百姓寡廉鲜耻、无情无义之后，一旦帝国的战舰侵入祖国的海域，一旦寇仇的军队兵临城下，之后想要借助人民的力量去冲锋陷阵、保卫国家，这和不怀胎十月就想要获得孩子，和蒸沙子就想要获得食物有什么不同啊。哎呀！之前国家灭亡的历史教训不知道已经有多少了，为什么不能反思这样的厄运降临的原因呢？哪一个统治者曾经反省过自己的过错呢？

再强调一句："国家就像是树木，权利思想就像是树木的根，树木的根都已经被拔除了，即使树木枝繁叶茂、蓊蓊郁郁的样子，终将归于枯槁。遇到疾风骤雨的打击，树木会摧残凋落得更加迅速。即便没有遭受风吹雨打，而天旱日晒，树木早晚也会枯萎而亡。国民没有权利思想，却让他们去抵抗外患，那么就像是枯槁的树木遇到风雨一样。即使没有外患入侵，统治者的残暴统治所积压的内乱也终将爆发，就像是枯萎的树木遭受天旱日晒一样。我发现全世界的人民中，除了印度、非洲、南洋的人民外，权利思想薄弱的国民没有能比得上我们中国人的。孟子有一句话说："逸居而无教，则近于禽兽。"如果采用罗马法的法理，而用逻辑推论，孟子的话难道只是接近法理而已吗？一个如此广阔的国家，却只有四亿像禽兽一样的人民居住于此，普天之下最感到耻辱的事情，难道不就是如此吗？我们的同胞为此感到耻辱吗？作为执政者，应该把不要摧残压制国民的权利思想作为执政的第一要义。作为教育家，应该把培养国民的权利思想作为教育的第一要义。作为个人，无论是知识分子、农民、工人、商人、男人、女人，各自都应该把坚持自己的权利思想作为第一要义。如果国民不能从政府那里获得权利，就要自己去积极争取。政府看到国民争取自己的权利，就要学会退让。想要使我们国家的国权和其他国家的国权平等，就必须先使我们国家中的每个人所固有的权利都平等，就必须先使我们的国民在我们国家所享有的权利与其他国家的国民在他们国家所享有的权利一样。这样，中国才可能有救！这样，中国才可有救！

# 第九节　论自由

　　"不自由，毋宁死。"这句话实际上是十八、十九世纪欧美各个国家之所以能够立国的根本原因。自由的思想，适用于今日的中国吗？回答是：自由是天下的公理，是人生必备的要素，没有哪一个国家是不适用的。即使如此，有真的自由，有假的自由；有完全的自由，有偏颇的自由；有文明的自由，有野蛮的自由。今天，"自由""自由"这些话已经成为青年一辈的口头禅了。我要说："我们中国的国民如果想要永远享有完全文明、真正自由的幸福，不可以不先知道自由到底是什么东西。"请让我谈论一下自由。

　　自由，是和奴隶相对而言的。综观欧美国家自由的发展史，他们所论争的逃不出四个方面：第一是政治上的自由，第二是宗教上的自由，第三是民族上的自由，第四是经济上的自由。政治上的自由，是指对于政府来说，需要保全人民的自由。宗教上的自由，是指对于教会来说，必须保全教徒的自由。民族上的自由，是指对于外国来说，必须保全本国的自由。经济上的自由，是指对于资本家和劳动者来说，双方必须保全对方的自由。而政治上的自由，又分为三个方面：第一是对于贵族而言，必须保全平民的自由；第二是对于政府而言，必须保全全体国民的自由。第三是对于母国而言，必须保全殖民地的自由。自由在现实生活中的实行，不外乎上面所说的。

以这种自由精神所产生的结果有六个方面：（一）四民平等问题：在一个国家之中，不管是什么人都不能允许有特权，这是平民对于贵族统治者所争取到的自由。（二）参与政治问题：只要是生存在一个国家中的人，等他到了法定年龄就能够具有公民的资格，可以参与一个国家的政治事务，这是全体国民向政府所争取到的自由。（三）属地自治问题：只要是部分国民在他们新开辟的土地上生活，能够任意建立自己的政府，与他们在本国的时候所享有的权利一样，这是自治地对于本国所争取到的自由。（四）信仰问题：人民想要信仰什么宗教，都由他们自由选择，政府不可以用国教来束缚和干涉他们，这是教徒向教会所争取到的自由。（五）民族建国问题：一个国家中的国民，聚集成一个族群居住在一起，自立自治，不允许别的国家或者别的民族把持他们的主权，并且不允许他们干涉自己国家丝毫的内政，侵夺自己国家方寸的土地，这是本国国民向外国所争取到的自由。（六）工群问题：凡是劳动者靠自己的劳动来养家糊口，自食其力，地主和资本家不可以蓄养奴隶的方式来对待他们，这是贫民向生产资料占有者所争取到的自由。我们试着回顾近代社会三四百年的历史，那些智慧的人在朝廷之上口干舌燥地辩论，那些勇敢的人在原野之上肝脑涂地地奋斗，他们前仆后继，屡屡失败却不后悔，毫无所获却不放弃，他们所争取解决的不就是上面说的若干问题吗？他们所得到的不也是上面所说的这些自由吗？请让我试着讲述一下大体过程。

过去希腊、罗马最初的政体，所制定和颁布的各种政策措施，都是代表着公民利益的。所以希腊和罗马的共和自治制度，在古代非常发达。但是希腊是完全的贵族政体，所谓公民不过是国民中的一小部分，而其他的农民、工人、商人和奴隶不能算作是他们的公民。罗马所谓的公民指的不过是生活在都会中的拉丁民族，而他们攻城略地所得到的殖民地上的人民，不能算作是他们的公民。因此，政治上的自由，虽然是发源于希腊，但是贵族相对于平民，母国相对于殖民地，本国人相对于外国人，土地主相对于劳动者，他们之间发生的种种侵夺自由的弊病，也是自古如此。等到基督教兴起，罗马帝国成立，而宗教专制、政治专制才开始兴盛起来。从中世纪开始，文明程度低的民族不遵法度，任意妄为，文明程度高的国家文化遭到蹂躏，就不用说了。等到中世纪末期，罗马皇帝和罗马教皇分别掌管着全体欧洲人民的物质世界和精神世界，欧洲人民在他们的压迫和统治之下痛苦生活而不能自拔。因此中世纪的历史实在是西方的黑暗时代。等到十四、十五世纪以来，马丁·路德出现，提倡宗教改革，一举打破了旧教的藩篱，欧洲思想自由的大门才由此打开，新的天地才开始出现。之后的两三百年之中，欧洲各个国家或者内部争斗，或者外部讨伐，原野上死尸遍野，溪谷中血流成河，天空中日光惨淡，神鬼变色，都是为了这一件事。这是争取宗教自由的时代。等到十七世纪，克伦威尔在英国出现。十八世纪，华盛顿在美国出现，没过多久，法国大革命兴起，它所掀起的狂风怒潮震撼了整个欧洲。其他各个国家效仿法国大革命，整个欧洲风云激荡，于是使得地中海以西一直绵延到太平洋东岸，没有哪一个国家不成为君主立宪制国家的。加拿大、澳大利亚等殖民地，没有哪一个不实行政治自治的。直到今天，这股风潮仍然没有停歇。这是争取政治自由的时代。

自从十六世纪开始，荷兰人力求摆脱西班牙的殖民统治，奋战了四十多年。之后各个国家接踵而起，到十九世纪，民族主义又在世界上兴起，意大利、匈牙利向奥地利抗争，爱尔兰向英国抗争，波兰向俄罗斯、普鲁士、奥匈帝国三个国家抗争，巴尔干半岛的各个国家向土耳其抗争，以至于现在的布尔向英国抗争，菲律宾向美国抗争，它们之所以宁愿前仆后继地死亡也不后悔，都是为了践行"与我们不是一个种族，就不能践踏我们的国家主权"的誓言。虽然他们为之奋斗的目标，有的实现了，有的没有实现，但他们的精神却是一样的。这是争取民族自由的时代。十九世纪以来，美国颁布了禁奴法令，俄国废除了农奴制度，经济界受到很大影响。而二三十年来，行业同盟罢工的事情，纷纷风起云涌。工厂相应的禁止条例也在陆续发布。从今往后，这个问题注定将要成为全世界第一大案。这是争取经济自由的时代。总体上这些方面，都是西方四百年来改革进步的总的目标。而距离他们彻底实现自己的目标也八九不离十了。哎呀！这是遵循的什么原则呢？都是因为"不自由，毋宁死"这句话使他们耸动，使他们鼓舞，使他们战天斗地，死而无憾，使他们抛头颅洒热血却精神长存。哎呀！自由之花是多么璀璨啊！哎呀！自由之神是多么庄严啊！

现在我将近代历史中争取自由的大事件，列成一个年表如下：

| 1532年 | 旧教徒与新教徒订立条约，准许信教自由 | 宗教上的自由 |
|---|---|---|
| 1524年 | 瑞士信新教，诸市政府开始联合实行共和政 | 同上 |
| 1536年 | 丹麦国会开始确定新教为国教 | 同上 |
| 1570年 | 法国内讧暂时停息，新教徒开始自由 | 同上 |
| 1598年 | 法国准许新教徒获得参政权 | 同上 |
| 1648年 | 荷兰与西班牙经过四十年艰苦战争终于取得独立 | 民族上的自由是因为宗教 |
| 1618——1648年 | 西班牙、法兰西、瑞典、日耳曼、丁抹等国家接连发动战争，最后确定新教徒和旧教徒享有平等的权利 | 宗教上的自由 |

| 1649年 | 英国国民处死英国国王查理一世，实行共和政体 | 政治上的自由 |
| --- | --- | --- |
| 1776年 | 美利坚合众国宣告独立 | 同殖民地的关系 |
| 1789年 | 法国大革命爆发 | 同贵族平民的关系 |
| 1822年 | 墨西哥独立 | 同殖民地的关系 |
| 1819——1831年 | 南美洲各个国家独立 | 同上 |
| 1832年 | 英国修改选举法 | 同上 |
| 1833年 | 英国在殖民地颁布禁奴令 | 经济上的自由 |
| 1848年 | 法国第二次革命爆发 | 经济上的自由 |
| 1848年 | 奥匈帝国、维也纳革命爆发 | 同上 |
| 1848年 | 匈牙利开始建立新政府，第二年奥地利和匈牙利开战 | 民族上的自由 |
| 1848年 | 意大利革命爆发 | 同上 |
| 1848年 | 日耳曼谋取统一没有成功 | 同上 |
| 1848年 | 意大利、瑞士、丁抹、荷兰颁布宪法 | 政治上的自由 |
| 1861年 | 俄国解放农奴 | 经济上的自由 |
| 1863年 | 希腊脱离土耳其，取得独立 | 民族上的自由 |
| 1863年 | 波兰人抵抗俄国起义爆发 | 同上 |
| 1863年 | 美国因为废除奴隶制爆发南北战争 | 同上 |
| 1867年 | 北德意志联邦成立 | 民族上与政治上的自由 |
| 1870年 | 法国第三次革命爆发 | 政治上的自由 |
| 1871年 | 意大利成功获得统一 | 民族上与政治上的自由 |
| 1875——1878年 | 附属于土耳其的黑山-塞尔维亚、波斯尼亚-黑塞哥维那等国家，都宣告独立 | 民族上与宗教上的自由 |

| 1881年 | 俄国沙皇亚历山大二世将要颁布宪法，但不久就被虚无党人所杀害 | 政治上的自由 |
|---|---|---|
| 1882年 | 美国爆发大同盟罢工起义，之后各个国家都爆发了同样的罢工运动，经年累月接连不绝 | 生计上的自由 |
| 1889年 | 巴西独立，实行共和政体 | 政治上的自由（殖民地的关系） |
| 1893年 | 英国发布爱尔兰自治案 | 民族上的自由 |
| 1899年 | 菲律宾与美国爆发战争 | 同上 |
| 1899年 | 波亚与英国爆发战争 | 同上 |
| 1901年 | 澳大利亚自治联邦成立 | 政治上的自由 |

　　从这个表看来，几百年来世界上发生的大事，哪一件不是以"自由"二字为原动力催生的呢？这些人民争取这些自由，虽然所处的时代不同，所在的国家不同，所需要的自由种类不同，他们争取自由的领域也不同，然而说到付诸行动却不做空谈、施之于公敌却不谋私利却是他们的共同的宗旨。试着把前面提到的六大问题拿到我们中国考量一下，第一条四民平等问题是中国所不存在的。因为我们自从战国以来，就废除了家族可以世代为官的制度，而社会分层的陋习也早就被消灭了。第三条属地自治问题，也是中国不存在的，因为中国在国境之外没有殖民地。第四条信仰问题，中国就更不存在了。因为我们中国不是宗教国境，几千年来也没有发生过宗教战争。第六条工群问题，将来或许会存在，但今天还不存在。因为中国的经济界还处在低沉停滞的状

态，竞争也不激烈。那么，如今我们中国所最急迫的，就只有第二条的参与政治问题和第四条的民族建国问题而已。这两条中涉及的事情来自于同一个源头，如果解决了民族建国问题，那么国民参政问题也就跟着自然而然地解决了。如果解决了国民参政问题，那么民族建国问题即使毫无所获，也没有什么妨害。如果这样的话，我们中国人所认识到的自由观念，我们中国人所寻求的自由的途径，就可以想见了。

自由的界定是："人人自由，但以不侵犯他人的自由为前提。"既然不允许侵犯他人的自由，那我也太不自由了，而要把这作为自由的前提是为什么呢？因为我们说的自由，是指团体的自由，而不是指个人的自由。野蛮时代的个人的自由胜利了，但是团体的自由却灭亡了。文明时代团体的自由强盛了，而个人的自由却灭亡了，这两者之间有一定的比例分配，丝毫不允许对方越界。假如个人把个人的自由当作自由，那么天下享有自由之福的人，都比不上今天的中国人。土豪劣绅在乡里横行霸道，像鱼肉一样遭受荼毒的乡绅不能抵抗。奸商拖欠债款却不偿还，受欺骗的人却不能斥责。那么，人人都可能是土豪劣绅，人人都可能是奸商，那么人人都能够享有无上的自由。不光是这样，在国家的首都北京，男男女女都把官道当作厕所，这是多么自由啊。在城镇之间，老人小孩都把鸦片当作米饭，这是多么自由啊。如果这些事情发生在文明国家，轻的要被罚钱，重的要被拘留。像类似这样的事情，如果悉数列举一下，十个我也说不完。从这些方面来说，是中国人自由呢，还是外国人自由呢？为什么不把中国树为自由国家的标杆，而偏偏要推崇外国呢？因为上述的自由，属于野蛮的自由，正是文明的自由的大敌。文明的自由，是法律范围内的自由，人的一举一动，就好像是出自设置了固定程序的机器一样被规范得明明白白；它的一进一退就好像军队操练的步伐和手势一样充满正气。从野蛮人的眼光来看，认为世界上最不自由的事情，莫过于此了。文明的自由为什么要像这样呢？因为世界上没有一个群体能够内部没有组织规律，却能和外部竞争的。群体和外界的竞争没有结束的时候，那么群体内部之所以要团结起来增强竞争力，也没有停止的时候。假如滥用自己的自由，而侵犯他人的自由，而侵犯团体的自由，那么这个群体的凝聚力就不能够保存了，而这个群体也将会成为其他群体的奴隶。到这个时候，群体成员还有什么自由可供享受的呢？因此真正自由的人，必定能够服从什么呢？服从法律。

"法律是由我们自己所制定的，用来保护我们自己的自由，也用来钳制我们自己的自由。"这是英国人的信条。世界上各民族中，最富有服从性的人，不能不首先推举英国人，而最能够享受自由的人，也非英国人莫属。大家难道不知道服从是自由之母吗？哎呀！现在的年轻人，没有不叫嚣着要自由的，认为自己有文明思想。难道没有发现西方所谓的自由，即我们前面提到的六大问题，没有一个不是为了团体的公共利益考虑，而绝不是供一个人放纵自己的私欲借以掩人耳目的吗？现在，不用自由的名义向上追求宪法，不用自由的名义抵抗外国的侵略来伸张国家的主权，只是道听途说别人一两个学说的只言片语，就为自己求取便利、别有所图，破坏社会公德，完全是倒退到野蛮时代的野蛮行为。听到别人的批评，他们还敢觍着脸抗议说："这是我的自由！这是我的自由！"我非常害怕"自由"二字，认为"自由"二字不只是专制政党的口实，而且实在是中国前途的公敌。

"爱"主义是世界上很好的主义，有人在这里一门心思地爱自己，却说"我实行的是爱主义"，可以吗？"利"主义是世界上很好的主义，有人在这里一门心思追求利益，却说"我实行的是利主义"，可以吗？"乐"主义也是天下很好的主义，有人在这里一门心思地寻求快乐，却说"我实行的是乐主义"，可以吗？因此，所有的古今贤哲之人确立一个宗旨来改良社会，都不是为了一个人的私利而计较，私人利益和群体利益比较，群体利益大于私人利益。群体成员少为自己谋取私利，多为群体谋取公利，这是群体发展进步的重要途径。当私人利益与群体利益二者不能兼得的时候，他们往往不爱己、不利己、不乐己，以求达到爱群体、利群体、乐群体的目的。佛家说："我不入地狱，谁入地狱？"佛家的说法，难道不是想要使众生脱离地狱吗？而他们实施的方法，就是自己主动下地狱。和佛祖的行为相类似的有志之士必定要使自己的身体感到憔悴，使自己的心灵感到困乏，使自己终生栖息在不自由的天地，这之后才能使他所热爱的群体与国家达到自由的境地，这个道理是再明白不过的了。今天社会上谈论自由的人，不想着如何使自己的群体和国家走上自由的道路，却只是对于自己的针头线脑、日常用度聒噪不停地强调有支配的自由，这和别人到他那儿吃一餐饭就给别人脸色看，却辩称自己是遵循功利派哲学的人有什么区别？这和整天喝酒赌博耍无赖，却说自己遵循的是快乐派的伦理的人有什么区别？《战国策》说："有学儒三年，归而名其母者。"我看今天误解自由定义的人所持的逻辑和故事里那个人所持的逻辑是相似的。

那么自由的含义，难道在个人身上就不能体现了吗？回答是：这是什么话？团体自由是个人自由的源泉。人不能离开团体而独自生存。如果团体不能保全自己的自由，那么就将会有其他团体从外部来侵犯、压制、掠夺，那么个人的自由更在哪里呢？这就好比是个人的身体，如果放纵口的自由，不管什么事物都吃，那么大病就会出现了，那么口所固有的自由也丧失了；如果放纵手的自由，拿着机关枪去杀人，那么大的惩罚就会出现了，而手所固有的自由也就丧失了。因此，吃饭喝水，一举一动，都看似受到节制，其实正是身体各个器官之所以能够各自永远保全其自由的原因。这在和他人交涉往来的时候表现得更加突出，我恳请再进一步谈论一身之自由的事。

一身之自由，就是我的自由。虽然如此，每个人都有两个我，一个我是众人眼里具象的我，身高七尺，昂然立于人间。另一个我是具象的我的代表抽象化，即心灵。因此，别人把我当作奴隶，不足以令我害怕，不比自己甘愿当别人的奴隶痛苦。自己甘愿当别人的奴隶还不足以令我害怕，不比自己成为自己心灵的奴隶更可悲。庄子说："哀莫大于心死，而身死次之。"我也要说："一个人的耻辱没有什么比得上成为自己心灵的奴隶的，而成为身体的奴隶还在其次。"别人强迫我作为奴隶，我感到不高兴，可以霍然起身并挣脱他的羁绊；十九世纪各国的人民起义就是这样。把自己的身体作为别人的奴隶，别人或许出自善良的本性，或许迫于正义的言论，也可以将我从水深火热中解救出来；美国的解放黑奴运动就是这样。唯独自己成为心灵的奴隶，这种事情的出现不是由其他的外力所强加在我身上的；要从心灵的奴役中解脱出来，也不是由其他的外力所能够帮助的。这就像是蚕在茧中，一点点束缚住自己；这就好像是膏脂在锅中，一天天煎熬自己。如果有想要求得真正的自由的人，必须要从除去自己心中的奴隶开始。

我恳请先来谈一下心灵的奴隶的种类，接下来谈论去除心灵的奴隶的方法。

第一是不要成为古人的奴隶。古代的圣贤和豪杰都曾经对一个群体有大的贡献。我们这辈人爱戴他们、尊敬他们，就可以了。即便如此，古人是古人，我是我，那些古人之所以能成为圣贤、成为豪杰，难道不是因为他们能拥有自我意识吗？假如不这样，那么就会只有以前的圣贤而没有后来的圣贤，只有一代豪杰而之后再无豪杰。比如孔子学习尧舜，我们这辈人学习孔子，难道没有想过孔子之所以能成为孔子，必然有他独立于尧舜思想之外的东西？假如孔子成为尧舜的奴隶，那么几百代之后必然不再有孔子存在了。读者们听到我的言论感到害怕吗？为什么不想想社会是越来越进步、越来越向上的？人的头脑是越进化越聪明的。即使出现圣贤，他们也不过是用自己的思想主张来改革当时的社会弊病，给当时社会的人民带来利益，而绝不足以规范千百年之后的人的行为。西方的基督教，在中世纪的时候，何尝不是世界文明的中心？等到后来，束缚越来越严重，基督教也就越来越凋敝了。如果不是有马丁·路德、培根、笛卡儿、康德、达尔文、米勒、赫胥黎等先哲出现来发展它，匡扶救助它，基督教哪里会有今天的发展呢？中国不这样，大家对于古人的言论主张和行事主张，不只是连一句批评的话都不敢说出口，而且连怀疑的念头都不敢在心中萌发。我们有自己的心，听到一句话，接触到一种思想，就要说："我要自己想一想。"想一想哪些是我所应该相信的，哪些是我所应该怀疑的，怎么能让别人主宰自己的思想呢？但是全社会的人都不敢说出这样的话。我不知道拿什么来做比喻，比如义和团吧。义和团的法师披散着头发，挥舞着宝剑，跺着步子，口里念念有词，旁观者只要稍微动一下脑子，就会发现其中一定有值得怀疑的地方。但是义和团的信徒竟然遍及好几个省，那么这些人心中必然怀有某种恐惧，导致他们不敢心生疑惑，否则就是有人别有居心，狐假虎威来满足他们的私欲。总而言之，做奴隶和做义和团的信徒是一样的。我做这样的比喻，不是胆敢把古人和义和团相提并论。总而言之，只是强调四书六经的义理，绝对不可能一一适用于现在的社会，即使是把刀锯加诸我身，用油锅煎熬威胁我，我也敢断言说毫不害怕。世上那些把自己的身体和思想委身给古人，为古人铺床叠被、打扫屋宇的人，我不知道他们和那些义和团的信徒有什么不同。我有耳朵和眼睛，我能够推论证明自己悟出的道理。立足于高山之巅，然后所见始广；潜行于深海之底，然后所行始切。对于古代的先哲，我有时把他们当作自己的老师，有时把他们当作自己的朋友，有时把他们当作自己的敌人，不讲主观感情，只是以客观道理来衡量。这是多么自由！

第二是不要成为世俗的奴隶。人性实在是太脆弱了。"城中好高髻，四方高一尺；城中好广袖，四方全匹帛。"古人这首民谣已经把这种现象概括了。然而说乡野之人愚昧无知，还可以理解，至于那些所谓的士人君子，愚昧无知的毛病却更严重了。在晚明时期，全国上下都在谈论心学，整个知识界都成了邪门歪道的信徒。在乾嘉年间，全国上下都在谈论考证，整个学术界都成为考证学的蛀书虫。要说这是时代变化必然要出现的问题，还可以理解。等到最近这几年，丁戊年间，全国崇尚西方学说像是闻到了肉味一样争先恐后，而在己庚年间，全国避讳谈论西方学说就像是逃避

101

瘟疫一样抱头鼠窜，现在又崇尚西方学说像是闻到了肉味一样争先恐后了。同样一个人，同样一种学说，但几年之间却发展变化如此之大，没有别的原因，都是因为抬头低头都模仿别人，没有自由而已。我看见有耍猴戏的人，耍猴人跳的时候群猴也跳，耍猴人扔东西的时候群猴也扔东西，耍猴人跳舞的时候群猴也跳舞，耍猴人笑的时候群猴也笑，耍猴人大喊大叫的时候群猴也跟着吵得人头疼，耍猴人生气的时候群猴也跟着哇啦乱叫。有一句谚语说："一犬吠影，百犬吠声。"这是多么悲哀啊！人是秉承天地间的清淑之气而生长出来的，现在怎么和动物没有什么差别了呢，怎么能够自轻自贱，和猴子、犬类为伍呢？人如果能开创新时代是最好的，即使不能的话，不被旧时代所吞没，也算不错。在滚滚波涛中，在大家都随波逐流之时，要像一根柱子一样傲然屹立；在醉生梦死中，在大家都纸醉金迷之际，要保持头脑的清明。这才是大丈夫应该做的事情，这多么自由啊！

第三是不要成为现状的奴隶。我们在物竞天择的自然界立身，周围的现状环绕在我们身边，都日日夜夜与我们争夺掌控权，未尝有一个时刻停息。因此，战胜现状就能够成功，不能战胜现状而被现状所压制就会失败。像这样，臣服于现状的人也可以算作是上天的奴隶，上天暴虐横行，有时向一个群体逞威，有时向一个人逞威。各个国家如果安于现状的话，那么美国就不会爆发独立战争，匈牙利就不会兴起自治之师，日耳曼、意大利就会长期处在国家支离破碎的状态，成为虎狼之师奥匈帝国的附庸。为个人谋发展的人如果安于现状，那么犹太人出身的首相迪斯雷利哪里敢期望挫败俄国军队建立伟大功勋呢？渔人之子林肯哪里敢企图成就解放奴隶的丰功伟业呢？日本推翻幕府统治的将领西乡隆盛就会临难变节，意大利的开国元勋马志尼就会消沉一生。我看到现在社会上所谓通晓时事的人开口就说："中国适逢灾难之年，横遭厄运，是上天要灭亡中国，我们还能做什么呢！"他们之所以这样表现，不是因为生活穷困改变了自己的气节，就是因为被荣华富贵消磨了自己的斗志。即使没有被贫贱和富贵所打败的人，遭受武力胁迫之后也屈服了。只不过因为一件事情的挫败跌倒，因为一时的穷困潦倒，之前顾盼自雄、光明磊落、不可一世的气概，也都消磨殆尽了。哎！命运到底是什么东西，竟然能够轻而易举地操纵我们的心灵，让它像蓬草一样随风流转？墨子在《非命》中的话说得是多么好啊，他说："现在听用主张人生有命的人的话，这是颠覆天下的道义，颠覆天下道义的人，就是那些确立人生有命的人，是百姓所伤心的。"世界上喜欢谈论命运的非我们中国人莫属。而整个国家的国民，奄奄一息等待死亡，自己有力气却不知道使用，只知道听从天命的安排，唯命是从。这样的人只不过是自然界的低等动物和自动运行的机器罢了，竟然毫无一丝一毫的自主权利，不能实现自己心中的任何愿望。这样的人生存在这个世界上，又来干什么呢？又有什么可欢乐的呢？英国的知识分子赫胥黎说："现在的人想要获得成功，一定要与上天进行斗争。因此，大丈夫就应该意志坚强，奋发向上，锋芒毕露，突破现状，勇往直前，可以去争去取却不可自甘堕落，珍惜在我们前进道路上降临的善，忍受我们之中和周围的恶，并下决心去消除它。"陆九渊说："利害毁誉，称讥苦乐，这是修行的人磨炼佛性的八个方面，只有在面对这八个方面的时候不动心，才能进入到佛教的上乘境界。"邵雍的诗中："卷舒一代兴亡手，出入千重云水身。"这些人身处糟糕的社会现状，却不能损伤这些豪杰之士一丝一毫，更何况要束缚住他们呢？他们拼搏进取，突破现状，是多么自由啊！

第四是不要做情欲的奴隶。一个人丧失心灵的自由，难道是由他人造成的吗？孟子说："以前为了自由即使身死命殒也不去接受不合乎道义的高官厚禄，现在为了宫室的华美，为了妻妾的侍奉，为了所认识的穷人感激我，我就接受了，这种人性的弱点难道无法克服吗？"确实能克服，但是能够克服的人简直是百里挑一。情欲毒害人的心理真是太厉害了。古人有一句话说："心灵容易被身体所奴役。"身体被奴役，还可以治愈；如果心灵被奴役，将如何是好呢？心灵被他人所奴役，还可以摆脱出来，如果心灵被自己的身体所奴役，将如何是好呢？身体没有一天是不和自己的心灵相结合的，那么人将终其一生瑟瑟缩缩，脚步趑趄，被世俗的感官欲望所奴役，而自由权利的萌芽也就都断绝了。我经常见到不少风华正茂的青年，他们身上具备的志向和才华都可以开拓出传颂千古、倾倒一时的事业，但是几年之后他们便意志消沉了，再过几年，便更加萎靡不振了。这没有别的原因，凡是有超过一般人的才气，也一定有超过一般人的欲望。有超过一般人的才华，有超过一般人的欲望，却没有超过一般人的道德心来规范自己的行为，那么才气就会沦为欲望的奴隶，用不了多长时间就会消失殆尽。

因此，西方近几百年来，那些做出过惊天动地的大事业的人，往往都是有宗教思想的人。迷信于宗教而成为宗教的奴隶，固然不算可取，但是能够借助宗教思想来克制情欲，使自己的心灵不被顽固污浊的躯体所束缚，能够有独来独往的自由，其中宗教思想发挥的作用不容忽视。日本在明治维新的过程中，主持倡导改革的人不是得力于王阳明的心学，就是得力于禅宗。在中国近代社会，勋名卓著令大家如雷贯耳的人，没有比得上曾国藩的了，试着读一下他的全集，看一看他自我修炼、应对逆境的功夫，怎么样呢？世界上从来没有不从事个人修养而战胜逆境成就大业的人，不从事个人修养，却每天只是恣意发表言论说："我们要自由！我们要自由！"这些人实际上是被感官所驱使，整天奔波劳碌以满足自己的口腹之欲而已。我不知道他们所谓的自由在哪里。孔子说："克己复礼为仁。""己"，是指相对众生来说，自己称为"己"，也是相对于个人的本心而言，"己"可以理解为"物质欲望"。所克制的对象是自己的物质欲望，而克制自己的物质欲望的又是自己的本心。自己的本心克制了自己的物质欲望，可以称为自我挑战；自我挑战成功也可称为强大。挑战自我已达到成功，进而称强，这是多么自由啊！

　　啊！自由的思想，西方从古至今的哲人著书立说十万字来剖析它，还不能够道尽。我才疏学浅，却想要用区区只言片语就将它阐释明白，怎么可能呢？即便如此，但自由学说的核心理念已经由当世的学者大略阐释过了，我不过是就群体自由和个人自由两个方面，提炼出两者浅显直白的地方，演绎出来贡献给我们的知识界罢了。世界上有热爱自由的人吗？不爱自由的人也不要以敌视自由的心理敌视社会。

# 第十节　论自治

什么是治呢？不乱就是治。什么是乱呢？不治就是乱。这种解释谁不会说，但是我的话里有意味，我的话里有警训。

经过前院，只见到草坪树木一片凌乱不堪的样子；进到屋里，只看到各种家具器物摆放得一片狼藉的样子。一个家庭像这样的景象，虽然没有看到过家庭内部兄弟之间失和、妇女之间怒骂，我也知道这样的家庭肯定不是一个治理得非常好的家庭。不能够治理得好的家庭就算乱家。路过乡野，看到有人在废墟边吵闹而劝解不开；经过城市，看到有人在路边小便却不能禁止。一个国家像这样的景象，虽然没有看到兵荒马乱、瘟疫横行，我也知道这个国家不是一个治理得非常好的国家。饮食起居没有规律，手足眉眼的神态不够庄重，说话办事没有一定的规矩。一个人像这样，虽然没有看

107

到这个人有什么不符合道德、行迹败坏的情形，我也知道这个人一定不是一个能够将自我管理得非常好的人，不是一个能够自我管理的人就是乱人。

天下的事情，混乱的状态是不会长久的。当事者不能治理好国家，那么就一定会有外部势力参与进来代为管治。不能够进行自我管理就会被别人管理，这是不可逃避的发展形势。人类能够管理禽兽，成年人能够管理小孩，文明人能够管理野蛮人，都是因为禽兽和野蛮人没有自我治理的能力。人如果没有自我管理的能力，就是禽兽而不是人类了。即使承认他是人类，那么他也是小孩，而不是成年人。即使承认他是成年人，那么他也是野蛮的成年人，而不是文明的成年人。

当今世界上最庞大最有活力的民族，不能不说是盎格鲁-撒克逊民族。他们曾经自夸说："假如把我们一百个英国国民，和其他国家的一百个国民，同时迁徙聚居到一个地方。不到十年之后，一百个英国国民就能组成一个灿然独立的国家，而其他国家的一百个人还是浑然像一盘散沙一样，被英国人统治。"他们又说："半开化民族的国土上，即使有成百上千万的国民，而我们英国人只要有一两个人踏上这片土地，不到十年，这片土地就会成为英国的殖民地。"我对照一下试试，不得不相信他们所自夸的话并非虚假。难道你没有看到北美洲的南沙群岛，刚开始本来是由西班牙和荷兰人所开辟的，但是现在在这些地方坐享收益的，不都是盎格鲁-

撒克逊民族吗？难道你没有看到今天的印度，居住在那里的英国人还不到一万人，但是却把两亿的印度人管理得像是一群温顺的绵羊吗？难道你没有看到我们中国的十八个省市之中，英国的官吏、商人和传教士统计下来不超过四千人，但是却占据着我们中国的关键岗位，让我们感觉面对的俨然是一个帝国吗？为什么会出现这种情况呢？就是因为世界上最富有自治能力的民族没有像盎格鲁–撒克逊民族那样的。

《尚书》上说："节性惟日其迈。"荀子曰："人之性恶也，其善者伪也。""节"是什么意思呢？是制裁的意思。"伪"是什么意思呢？是人为的意思。因此，人的本性，有上万种不一样的，驳杂而不可捉摸。如果一味顺应人的本性，肯定会为所欲为无法无天，如果相互争斗相互攻击，就不能组成一个整体。因此，不能不制定法律，以压制各自的动物本性。不过这样的法律也不是靠人为之力所强加的，也不是由一个人首先制定出来规范群体成员的。而是发自于每个人心中的良心，并且大家不约而同地达成共识，认为必须要这样做才适合人伦道德的发展，才足以保护我自己的自由，也不侵犯别人的自由。因此，不需要做思想工作，不需要暴力胁迫，就能在规矩和法律规定的范围内来办事。像这样，才算是自治。自治的最高境界，立身行事就像是机器运行一样有规律。一生立志于从事什么样的事业，什么时候预备，什么时候开始创立，什么时候开始实行，都来自自己的决定。一天之内的做事计划，什么时候开始工作学习，什么时候开始处理杂务，什么时候开始接待访客，什么时候吃饭，什么时候休息，什么时候游玩……也都来自自己的决定。个人的秉性习惯、喜好熏陶，如果觉得有害自己的事业，有损自己的德行，就下决心去克服，绝不找借口通融。每说一句话，每做一个动作，每皱一次眉头，每露一次笑容，都像是有金科玉律作为自己的规范。一个人这样做，每个人都这样做，于是就形成了群体的自治。群体自治的最高境界，就好像群体是一支军队，要前进就一起前进，要止步就一起止步。这个群体的纪律没有人不去遵守，这个群体的责任没有人不去承担。像这样的人，像这样的群体，却不能够自立自强于世界上的，我还没有听说过。如果是和这样的群体完全相反的群体，却能够自立自强于世界之上，我也没有听说过。

有人或者会说："机器是没有精神的东西；军队是专制的载体。你竟然把他们的特质推崇为美德，这是为什么呢？况且中国的风俗，别的事情也许比不上其他的国家，但是要论到按照规矩来走路，按照尺子的约束来行事，这正是众人最为习惯也病入骨髓的地方了。几千年来，统治阶级和知识分子已经把中国的国民治理得萎靡不振、毫无生气很久了。你还想要继续扩大这种流毒的范围，并且用它来毒害中国的子孙万代，这不是更加过分了吗？"对于这种观点，我的回答是："不是这样！机器是死的东西，不会自己运行。它之所以运行，是因为有主宰它的动力存在。"古代的哲学家说："天君泰然，百体从令。"能使一个人的起居动作像是机器运行一样规律，正是头脑灵活自由的最高表现。军队行事是专制，但是有它的内部精神。一个群体就像一个军队，在群体中起着军队中的将帅作用的，就是群体成员的良心所结成的法律。因此，虽然法律规范群体的成员的行为，形式上是专制，但实质上不是，因为群体的法律出自群体的所有成员，而不是某一个成员，这就好像是每个人都是军队中的一个小小的士兵，实际上无异于每个人都是军队的将帅，因此并不会出现专制。因此，提倡人民自治，和以前统治阶级和知识分子想要束缚民众、让民众唯命是从是不一样的。这是为什么呢？因为，古代统治阶级和知识分子的管理是使民众被他人管理，而现在则是让人民自己管理自己。况且，中国人是从什么时候开始有规矩有尺度，要求人民必须按照这些规章尺度办事的呢？每个人都说要遵守法律，但是国家颁布的法律，连政府官员都不能够遵守，更何况那些普通的老百姓呢？每个人都要遵守儒家规范，但是圣贤的教诲训诫，连知识分子都不能够遵守，更何况那些三教九流的人呢？《尧典》说："天叙有典，天秩有礼。"秩序是一个群体能够团结稳定的根本原因。今天试着看一下我们中国整个朝野上下，所谓的秩序还在吗？看一下我们的政府，出没着各种祸国殃民的妖魔鬼怪，腹黑权谋盛行，阴谋诡计不断，人伦道德荡然无存。再看一下我们的民间，简直是劫匪盗贼的渊薮，贪婪狡诈的府邸，这和人类野蛮时代政府没有设立的时候没有什么差别。这是为什么呢？是因为人民不能自治啊。不能够自治而只是依赖别人来统治，社会并不会获得真正的稳定。

　　说到这里，我们中国人当务之急就可以知道了。第一是实现个人自治。从古至今凡是能成就大事的人，一定是因为他们自胜的力量比别人要强。西方人不必说，古人也不必说，就请让我说一下离我们最近的吧。曾国藩自从少年的时候起，就有吸烟和晚起的毛病。后来他下定决心要戒除这些坏习惯。刚开始这些坏习惯非常顽固，不能够轻易克服。但是曾国藩却把它们视作人生的大敌，一定要把它们连根拔出，后来终于成功戒掉了这些坏习惯。后来，他之所以能够率领军队打败盘踞在南京十几年的太平军，和他下定决心战胜自己十多年的坏习惯，所依靠的是同一种精神。以前，胡林翼在军中的时候，每天一定要读完十页的《资治通鉴》。曾国藩在军中的时候，每天一定要写几十条日记，读几页书，下一局围棋。李鸿章在军中的时候，每天早晨起来一定要临摹《兰亭集序》一百多个字，他把这种行为坚持了一辈子并习以为常。从一般人的眼光看来，这些难道不都是无关大体的区区小事吗？这些人却不知道在做这些小事的时候有节制、有恒心，实在是个人品格修养的第一大事。善于观察人的人往往在这些细节上推测出观察对象的能力。某某某评价陈蕃说："陈蕃连一个屋子都不能打扫干净，还想要廓清天下。从这个细节上，我就知道他办不到。"（我正巧忘了这句话是谁说的了，各位读者中如果有记得的，希望能够顺便告诉我一下。我会把它附在文中。）这句话虽然听上去有些过于苛刻了，但是确实是中肯恰当的言论。西方人的作息习惯是，到了周末一定要休息，每天八点钟开始处理事务，中午十二点稍微休息一会儿，一点继续处理工作事务，四五点的时候才结束并且休息。全国上下，上自国君首相和政府官员，下至贩夫走卒，没有不是这样的。工作的时候全国一起工作，休息的时候全国一起休息。这难道是前面所说的整个国家像军队、像机器一样吗？把经线和纬线排列得整整齐齐叫作条理分明，条条段段错乱叫作杂乱无章。请让我从中国人和西方人的日常用度和饮食起居上来比较吧，其中哪个条理分明，哪个杂乱无章，差别在哪里可以看出来了吧？不要说这些都是细枝末节，难道不知道今天的西方国家能够秩序井然、治理分明，能够实行有法可循的宪政，都是通过执行这些细枝末节储备起来的吗？孟德斯鸠说："法律是连吃完一顿饭这么短的时间也离不开的东西。人类文明和野蛮的区分，以他们有没有法律意识为差别。对一个国家来说是这样，对一个人来说也是这样。"今天，我们中国有四亿人口，却都是没有法律意识的人。四亿没有法律意识的人凑在一起欲建立现代化的国家，我从未听说过。难道还要等到和西方人在枪林弹雨中相遇，之后才知道究竟谁胜谁败吗？

　　第二是实现一个群体的自治。国家有宪法，一个国民才能有自治能力。州郡乡市有议会，一个地方才能自治。只要是好的政体，没有不是从自治而来的。一个人能自己治理好自己，几个人甚至十几个人能够治理好自己的家庭，数百数千人能够治理好自己的乡市，几万甚至几十万、几百万、几千万、几亿的人能够治理好自己的国家。虽然他们自治的范围不一样，但是自治的精神却是一样的。他们的自治精神一样在哪里呢？在于遵守法律上是一样的。管仲说："乡与朝争治。"他又说："朝不合众，乡分治也。"西方谈论政治的人说最重要的就是要出现国内小国。所谓国内小国，就是指一个省、一个府、一个州、一个县、一个乡、一个市、一个公司、一个学校，没有不俨然具备一个国家的形式的。省、府、州、县、乡、市、公司、学校，不过都是国家的缩小化版图。而国家，也不过是省、府、州、县、乡、市、公司、学校的放大的影片而已。因此，地方规模小的时候能实行自治，那么在地方规模变大时也能实行自治。不然的话，就不能不被别人所统治。被别人统治，别人安抚我，我要听之任之；别人虐待我，我也要听之任之；同族的豪强之人占据统治地位专制跋扈，我要听之任之；一族的残酷暴虐之人侵犯掠夺，我也要听之任之。像这样的话，每个人之所以称为一个人的资格都已经一败涂地，荡然无存了。那么西方人是怎么走到今天的呢？因为他们有制裁、有秩序、有法律，并把它们作为自己的自治精神。真正能够自治的恶人，他人想要干涉而不能够；不能够自治的人，他人想要不干涉也不能够。因为他们自己的事情没有丝毫是允许别人来干涉的。

我们中国人仰仗别人，希望被别人统治的思想已经持续了几千年，几乎把它当作上天赋予的义务，而不敢萌生其他的想法。他们想没想过自己的快乐和利益，难道是旁观者所能代为自己谋划的吗？而现在的局势，有哪里能是散漫的人能够收拾的呢？

今天知识分子中谈论民权、自由、平等、立宪、议会、分治的，也渐渐有了一些人了。而我们国民将来能不能享有民权、自由、平等的幸福，能不能实行立宪、议会、分治的制度，都要由我们自治力的大小、强弱、定或不定来决定。同胞们！同胞们！不要把这些当作细枝末节的道理，不要把这些当作陈旧迂腐的道理，不要只是拿着这些道理去要求别的群体，要先拿这些道理去要求自己。我先尝试着从自身起实行自治，然后尝试和其他人联合组成一个小群体实行自治，再然后尝试把小群体和小群体组合成一个大群体实行自治，最后尝试把大群体和大群体组合成一个更大的群体实行自治。那么，一个完全高尚的自由的国家、平等的国家、独立的国家、自主的国家就会出现力量。如果不这样的话，国家就会自乱到底了。自治与自乱，是不能并存的两种事情，也是势不两立的，这两者之中只能选择一条作为中国的出路。只有我们的国民自己才能做决定，只有我们的国民自己才能做选择。

# 第十一节　论进步

　　西方有一本书中记载了一个故事说，一个西方人第一次航海到了中国，听说罗盘针这项科学技术是从中国传出去的，又听说中国在两千多年以前就有了这项发明，于是在心中暗暗思考：这个发明传到西方不过几百年，已经被更改了无数次，效用也扩大了无数倍，那么在他的发明地中国已经经过了几千年，更应该变化成什么样子了呢？他航行到中国登上海岸之后，不急着做其他的事情，而是首先进入集市去购买一个罗盘针。这个西方人到集市上就问所谓最新式的罗盘针是什么样子的，结果竟然发现和历史读本上所记载的十二世纪时阿拉伯人传入西方的罗盘针没有一点的差异，这个人只好非常郁闷地回去了。这虽然是一个带有讽刺性的寓言，实际上却描写了中国群体发展严重停滞的情状，所说到的情况十分符合现实。

我以前读黄遵宪写的《日本国志》，非常喜欢，认为根据这本书可以全面了解维新变法之后的日本的社会状况。等到了北京见到日本大使矢野龙溪，偶然间谈论到这本书时，龙溪说："想通过这本书来了解维新之后的日本，无异于想要通过阅读《明史》来了解如今的中国时局。"我感到有些不高兴，问他详细的原因。龙溪说："黄遵宪这本书是在日本明治十四年的时候写成的，我国自从维新变法以来，每十年间发生的进步，即使是之前一百年的进步也比不上。所以，这本二十年前的书，不是像明史那样的，又是像什么呢？"我当时还对他的言论有些疑惑。自从到日本游历以来，再用自己的所见所闻来验证，才真正相信了。亚当·斯密在《国富论》中说："元朝的时候，有一个叫马可波罗的意大利人到中国游历，回去之后就写了一本书，讲述中国的国情，和今天人们到中国的游记，几乎没有什么差别。"我认为岂止是马可波罗的著作，像《史记》《汉书》这些两千年前的旧书籍中所记载的，和今天的中国情形相比，又能有什么差别呢？中国和日本同处在东亚这片土地上，同为黄种人，却为什么一个进步一个停滞，差距如此悬殊呢？

　　中国人动不动就说古代是政治清明的治世，而近世则为风俗浇薄的末世，是末世将乱的时代，这些话和西方哲学家们所宣扬的进化论最为相反。虽然如此，这些话也不是完全没有道理的，中国的现实状况确实如此。让我们试着看一下战国时代，诸子百家的学术蜂拥而起，百家争鸣，有的宣扬哲理，有的阐明技术，之后却没有这样的现象了。再看两汉时代，国家治理的艺术也是光辉灿烂。宰相主持中央事务，地方官管理一方百姓，之后也没有这样的现象了。其他类似这样的现象不胜枚举。进化论是世界发展的自然规律，就像是流水一定会往低处流，就像是被抛起的物体一定会朝着地心坠落。只要水流不受到他人的导引，只要物体不受到外力的吸引，就不会发生反常的现象。那么我们中国违反进化论的自然规律，演变出这样凝滞不前的社会现象，一定有原因。找到其中的原因，让大家一起讨论研究，就能够知道这种病症的表现，并找到解除这种病症的解药了。

有的读者肯定会说："这是因为中国人的保守性太强了。"确实是这样。虽然如此，但我们中国人的保守性为什么会如此之强呢？这也是一个没有解决的问题。况且，英国人以善于保守闻名于天下，而其他国家的进步速度中却没有一个能够赶得上英国的。有哪里能够见得保守一定会成为一个群体的祸害呢？我思考这个现象，我深入地思考这个现象，发现中国不进步的原因出于天然的有两个，出于人为的有三个。

第一是强调大一统而导致缺乏竞争。竞争是进化之母，这一说法几乎已经成为一个定论。西方在希腊列国的时候，政治和学术都称得上是非常兴盛。后来罗马帝国分裂为很多个国家，于是造成了近世的局面，直到今天，这都是竞争的鲜明效果。列国并立，如果不竞争就没有办法生存。他们所竞争的，不只是在于国家，也在于个人。不只是在于武力，更在于德智。所有的人在不同的领域内并驾齐驱，每个人都为自己而战斗，于是进化就沛然兴起，没有人能够阻挡了。因此，如果一个国家发明出新式的枪炮，那么其他国家就会抛弃自己的旧枪炮来谋求创新，生怕落于人后。如果不这样，就不足以在疆场上取得胜利。如果一个工厂发明出了新式机器，那么其他工厂也会抛弃自己的旧机器争相创新，生怕自己落于人后。如果不这样就不足以在市场上取得胜利。正因为崇尚竞争，所以他们不只是怕落于人后，更重要的是时刻想着强于别人。昨天乙比甲优秀，今天丙比乙优秀，明天甲又胜过丙。他们彼此之间相互刺激、相互嫉妒、相互学习，就像是赛马一样，就像是竞走一样，就像是赛船一样。有人横在自己的前面，那落在之后的人自然不敢不勉励自己进步；有在后面紧追不舍的人，领先的人自然不敢感到安全。这实在是进步的原动力产生的原因啊。中国只是在春秋战国的几百年间竞争的局面最长久，社会的进步也最明显，可以说是达到了顶峰。自从秦代实现了大一统的局面之后，社会处于退化的状态，到现在已经两千多年了。难道有别的原因吗？都是因为竞争力缺乏造成的。

第二是因为周围都是落后民族导致缺乏文化交流。凡是一个社会与另一个社会接触，一定会产生一个新的现象，而文明也会前进一步。远古时期希腊往外殖民，近代时期十字军东征，都是这样的例子。所以说统一不一定是进步的障碍。假如对内能统一，对外能沟通交流，那么社会进步可能更为迅速。中国的周围都是一些小的文明不发达的国家，他们的文明程度没有一个不是跟我们差了很多等级的。中国一和他们相接触，就像是热水浇在了冰雪上一样，这些小国家节节败退。中国纵横四周，环顾内外，常常会感觉到天上地下唯我独尊的气概。中国刚开始的时候感到自信，之后就会自高自大，最后就会画地为牢。至于画地为牢，那么进步的道路就断绝了。不光是这样，周边的文明程度低的民族，常常用他们跃马扬鞭奔驰于草原的蛮力来破坏我们的文明。我们在反抗他们的过程中，自然更加急于要保护好我们所固有的文明，认为中原的文化典籍，华夏正统的皇室礼仪、典章制度，实在是我们炎黄子孙几千年来战胜其他野蛮民族的精神。既然认为外部没有可以效仿学习的东西，自然就会转身抱住本民族本身所固有的东西来拼命摩挲把玩了。那么长此以往，我们中华民族要抱着这些古老的文明以终老就可以理解了。

以上这些说的是导致中国不能进步的两个天然原因。

第三是因为语言和文字分离导致知识不能普及。文字是促进文明发展、科技进步的第一要素，它的繁简难易，常常因为民族的文明程度高低不同而有所差异。各个国家的文字，都起源于象形，等到再往后发展，就变成了象声。人类的语言随着时间的推移越来越丰富，经过成百上千年之后，一定会和刚刚产生的时候有很大的差异，这是势在必然的。

因此象声文字的国家，语言和文字常常可以相合；象形文字的国家，语言和文字必然会日渐相离。社会的变迁一天比一天频繁，新现象和新名词也必然层出不穷；有的是从积累而得，有的是从交换而来。因此几千年前一个地方、一个国家的文字，必然不能把几千年之后地域变迁、民族交汇的时代的事物和情况全部记载下来、描述下来。这是无可奈何的事情。语言和文字同步，那么语言增加而文字也随之增加，一个新的事物、新的情况出现了，就会有一个新的文字来记载和描述它，新的事物和新的文字相互促进，一天天发展进步。语言和文字分离，那么语言一天天增加而文字却没有增加，或者有新的事物出现了而以前的文字却不能解释，又或者即使能够解释也不能完全贴切。因此，即使有出现新事物的机会，也会因为文字跟不上而窒息。这是第一个害处。语言和文字相合，那么只要能够通晓今天的文字的人，就已经可以获得通用的知识，至于用古文字表述的学问（比如西方的古希腊、古罗马文字）就让专业的研究者去弄懂并转述给感兴趣的普通人就可以了。因此，能听懂语言的人就能读书，进而人生的必备常识也能够普及。语言和文字分离，那么不多读古代的书通晓古代的语义，就不足以研究学问。因此，近几百年来的学者，往往穷尽一生的经历来通晓《说文解字》《尔雅》这样的学问，没有充足的时间去研究实用的学问。这也是不得不如此啊。这是第二个害处。语言和文字同步，主要就是采用衍生文字，认识二三十个字母，通晓此语的拼读规则，那么看到词语就能够拼读出来，听到此语的读法就能够了解此语的意思。语言和文字分离，主要就是采用衍形文字，那么《仓颉篇》有三千个字，就相当于有三千个字母。《说文解字》有九千个字，那么就有九千个字母。《康熙字典》有四万个字，那么就有四万个字母。学习二三十个字母，与学习三千、九千、四万个字母，他们的难易程度相比起来，怎样呢？因此西方、日本的妇女儿童都可以拿着笔写信，车夫都可以读新闻。而我们中国人却有读了十年书，却知识浅陋得和以前一样的情况。这是第三个害处。一个群体政治的进步，不是一个人能够做到的。需要大家相互探索而向好的方面发展，相互学习而获得进步。所以说，培养出一两个知识特别发达的人，不如培养成百上千、成万上亿有常识的人，他们的力量越大，社会进步的效果就越显著。因为我国国民不得不耗费大量的精力学习难学的文字，学习有所成就的人还不到十分之一，等到学成之后，还和当世能够实际应用的新事物、新学问有很多隔阂，这就是头脑中灵性的产生不够敏锐、思想的传播非常缓慢的原因。

第四个原因是长期的专制导致人性向恶。上天创造人类并赋予人类权利，并且赋予人扩充这一权利的知识、保护这一权利的能力，如果让人民发挥自由实行自治，那么整个群体必定会蒸蒸日上。如果桎梏人民、戕害人民的人出现，那么刚开始会窒息人民的生机，继而使人民失去本性，之后人伦道德就几乎消失了。因此在野蛮时代，团体不稳定，人的智慧还不健全，有一两个豪杰之士雄起，代替人民行使职责，用自己的劳动为人民服务，这是使群体获利的事情。过了这个阶段之后，豪杰之士仍然全权做主，那么人民获得的利益难道足以补偿他们失去的权利吗？这就好像是一户人家之中，一家之主对待自己的家庭成员和奴仆佣人，都各自归还他们的权利而不相侵扰，每个人都能勉励自己尽好各自的义务而避免相互算计，像这样做，但整个家庭却不能够蓬勃兴旺的，我还从没有听说过。如果不这样做的话，一家之主像奴役奴隶一样对待他人，像防范盗贼一样对待他人，那么这些人也会习惯自己像奴隶和盗贼一样了。他们有了可以偷懒安逸可以为自己谋利的机会，即使要牺牲整个家庭的公共利益去做，他们也不会推辞。像这样下去却不委顿衰落的家庭，我也还没有听说过。因此中国社会不能进步，是因为人民不顾及公共利益造成的。人民不顾及公共利益，是因为他们把自己当作奴隶和盗贼一样了。他们把自己居于奴隶和盗贼的地位，是因为统治者把国家当成自己的家、把人民当作奴隶一样使用而造成的。

西方立宪制国家的政党政治是多么好啊。他们政党中的人虽然不是个个都秉承公心和公德，他们未尝不为自己谋取私名和私利。但即使如此，在专制国家追求权势的人，往往讨好一个人就能成功，而在立宪国家追求权势的人，却要讨好普通百姓才能成功。同样是讨好别人获得权势，但是哪一个能够代表大多数人的利益，从这里可以判断出来。在政党政治中，只要是一个国家一定有两个以上的政党，一个是执政党，一个是在野党。在野党想要倾覆执政党的地位取而代之，就要公布他们的施政纲领，同时攻击执政党的政策有误，宣称假如让我们的政党来处理政事，那么我们所施行的政治制度和所要建立的规范就会是这样，为民除害要做某某事，为民受益要做某某事，等等。人民听了之后感到高兴就给他们投选票，于是他们就能在议院中取得多数席位。如果他们取代了之前的执政党来重组内阁，进而就不得不兑现他们当初所公布的政策，以符合民众的期望保护自己的政党大权在握，那么整个社会又会前进一步。而之前的执政党，就幡然变成了在野党。如果他们想要恢复自己丧失的权力，就又不得不去勤劳地考察民情，认真地去谋划，制定更新更美的政策向民众公布说：现在的执政党所谓的能够为民除害、使民受益的政策纲领还有不完善的地方。假如让我们的政党再次成为执政党的话，我们将如何如何去做，之后整个国家的前途就会更加进步向上。人民听了之后感到高兴，就又会在政党选举中将选票投给他们，他们在议院中占了多数的席位，就又会与现在的执政党互换地位了。而在他们重新成为执政党之后，也不得不实行他们之前所公布的政策，以符合民众的期望，保护自己的政党大权在握，那么整个社会又会前进一步。两个政党像这样互相竞争、互相对抗，互相增长、互相进步，以至于无穷无尽。他们之间的竞争越激烈，那么国家的进步速度就会越快。欧美各国的政权转移方式之所以能够在世界各地日益被接纳，原因大概就源于此吧。因此不管说他们是为了公共利益，还是为了个人私利，他们为全体国民谋取的福利都已经很多了。再看一下专制国家，即使有一两个圣君贤相，放弃个人私利为公益而奋斗，为全体国民谋取利益，但是一个国家那么大，单凭一两个人鞭长莫及，他们的恩泽真能够惠及全体国民的本来就很稀有。就算他们真的能够做到泽被万民，但是所谓的圣君贤相，经历一百代也很难遇到一个。而像汗桓帝、汉灵帝、蔡京、秦桧这样的奸邪残暴的君臣，在历史上却是屡见不鲜。因此中国人总结历史的时候经常说："一治一乱。"又说："治日少而乱日多。"这难道没有发生的原因吗？中国为什么要承受这样循环往复的民族劫难呢？向前进步了一寸，却向后退步了一尺，退步的速度是进步的十倍，这是中国经历了几千几百年却每况愈下的原因。

第五个原因是压制学术导致思想窒息。凡是一个国家的进步，一定是以学术思想作为原动力，而风俗、政治都是学术思想的产物。只有在战国时代百家争鸣，三教九流杂然兴起，学术思想发展得最为广泛。自从中国有历史以来，炎黄子孙的名誉没有比那个时候兴盛的。秦汉之后，罢黜百家，独尊儒术。儒家的教义有它的优点，这是肯定的。虽然如此，一定要强制整个国家的人的思想都出自于这一种教义，那么这对于社会进步发展的害处就非常大了。自从汉武帝提倡六艺、罢黜百家之后，只要不是在六艺之内的思想绝对不允许传播，之后的束缚禁忌一天比一天厉害。统治者把儒家思想美化成外强中干、虚有其表的护身符来维护自己的统治，而卑贱的知识分子依仗统治者的权势把儒家思想当成了敲门砖来谋求口腹之欲的满足，这样的情况变本加厉，结果使得全国的思想界都死气沉沉。讲述欧洲史的人，没有不把中世纪的历史看作黑暗时代的，因为中世纪是罗马教皇的权势最为强盛的时代。全体欧洲人民的躯体都在专制君主的暴力威吓下腐朽糜烂，全体人民的灵魂都匍匐在专制教主的束缚压迫之下。所以当时的社会不仅是没有进步，相比较希腊和罗马的全盛时期，也已经是一落千丈了。如今我们试着读一下我们中国秦汉之后的历史，他们和欧洲中世纪相比怎么样呢？我不敢怨恨儒家学说，却不能不对矫饰儒家学说、利用儒家学说、污蔑儒家学说，害了自己又害了全体国民的人深恶痛绝。

以上说的是导致中国不进步的三个人为原因。

中国进步的天然障碍，不是靠人力就能够克服的，但是世界风潮的激荡、冲击，已经能够使我们国家一变其数千年来的旧情状。中国的进步，就看现在的选择了。虽然如此，中国的改变是因为外部的刺激，而不是内部的自觉。内部不发生变化，即使是外力整天推动我们、鞭策我们，我们也不肯进步。天下的事情没有无结果的原因，也没有无原因的结果。我们中国人淤积了几千年的恶因，才要承受今天的恶果。有志于改良社会现象的，不要再责备产生的这种恶果了，而应该开始改良造成今天这恶果的恶因。

我不想再说这些门面话，我恳请将古今万国的仁人志士们独一无二、不可逃避的共通原则，义正词严地告知我们的国民。共通原则是什么呢？回答是：破坏。

从事破坏之事是不吉祥的，主张破坏之言是不仁慈的。古今万国的仁人志士们呢，如果不是有万不得已的苦衷，难道是他们天生冷酷凉薄、愤世嫉俗，喜欢一时意气用事，才要做这样的事、说这样的话呢？因为当不得不破坏的形势迫近眼前时，要破坏得破坏，不破坏也得破坏。破坏既然不能够避免，早破坏一天就能获得一天的幸福，晚破坏一天就会遭受一天的迫害。早破坏的话，其所破坏的东西相较来说较少，所能够保全的东西自然也多。晚破坏的话，其所要破坏的东西不得不多，所能够保全下来的东西也就更加少了。用人力主动破坏的话，是有意识的破坏，那么可以一边破坏一边建设。破坏以此，就可以永绝第二次破坏的根源。因此将来的快乐和好处，可以补偿目前的痛苦而有余。听任自然地破坏是无意识的破坏，那么就只有破坏，没有建设，破坏一次如果不能完成就会再破坏第二次，破坏第二次不能完成就会再破坏第三次。像这样的话，可以经历数百年数千年，而国家有人民共同遭受这样的病痛，以至于鱼死网破，国家灭亡。哎呀！破坏令人痛心，而不破坏却令人艰难啊！

读者怀疑我的话吗？我恳请和大家一起来读一下中外的历史。中国以前的世界，是一个脓血的世界。英国号称是近代世界中的文明先进的国家，自从1660年以后，到现在两百多年没有发生过破坏了，之所以会这样，实际上是来自于长期国会这一次一步到位的大破坏。如果英国害怕破坏，那么怎么能够知道之后的英国不会成为十八世纪末的法兰西呢？美国自从1865年以后，到现在已经五十多年没有发生过破坏了，之所以会这样，实际上是因为发动了抗英独立战争和解放奴隶战争这两次一步到位的大破坏。如果他们害怕破坏，那么怎么能知道之后的美国，不会成为今天的秘鲁、智利、委内瑞拉和阿根廷呢？欧洲大陆的各个国家，自从1870年以后，到现在已经三十多年没有发生过破坏了，之所以会这样，实际上是因为法国大革命这一影响了后世七八十年的空前绝后的大破坏。假如他们害怕破坏，那么怎能够知道今天的日耳曼、意大利不会成为波兰，今天的匈牙利和巴尔干半岛不会成为印度，今天的奥地利不会成为埃及，今天的法兰西不会成为过去的罗马呢？日本自从明治元年之后，到现在已经三十多年没有发生过破坏了，之所以会这样，实际上是来自于发动勤王讨幕、废藩置县这一次一步到位的大破坏。假如他们害怕破坏，怎么能够知道今天的日本不会成为朝鲜呢？我所谓的二百五十年来、五十年来、三十年来没有发生破坏，不过是以距离今日的时间做判断的，世界上这些国家从现在到以后，即使几百年几千年不会发生破坏，我也敢断言。为什么呢？凡是破坏一定有发生破坏的根源。孟德斯鸠说："专制的国家，他们的君主动不动就说要团结和睦国家百姓，世界上国家中往往隐藏着扰乱的种子，民众是苟活于世，并不是团结和睦。"因此，扰乱国家的种子不除，那么连续不断的破坏，终将不可能得到免除。而这些国家，世界上是以人为的一次大破坏，使得这种扰乱的种子集中起来彻底铲除，断绝了它的根基，使它不能够再繁殖。因此这些国家从此以后，即使发生战争流血事件，也只是因为国家主权的原因，和其他国家开战。像国内发生互相争斗导致百姓流离失所、国家政局动荡的惨剧，我敢断言将永远不会发生。如今我们国家那些号称识时务的俊杰之士，没有不羡慕那些国家的，他们的社会治理得光华美满，他们的人民和谐快乐，他们的政府生机勃勃。但是却不知道这些国家都是由以前的仁人志士，挥洒着破坏之泪，为破坏绞尽脑汁，为破坏口干舌燥，为破坏写秃了笔，为破坏挥洒热血，为破坏捐献身躯，才使国家发生改变的。哎呀！破坏是那么痛快，破坏是那么仁义！

这还只是就政治的一个方面而论，实际上社会中的一切事物，大到宗教、学术、思想、人心、风俗，小到文艺、技术、名物，哪一个不是经过破坏的阶段才走到进步的道路上的呢？因此，马丁·路德破坏了旧宗教而新宗教才兴起；培根、笛卡儿破坏了旧哲学而新哲学才兴起；亚当·斯密破坏了旧经济学而新经济学才兴起；卢梭破坏了旧政治学而新政治学才兴起；孟德斯鸠破坏了旧法律学而新法律学才兴起；哥白尼破坏了旧历法学而新历法学才兴起。推及世界上各种学说，没有不是这样的。而马丁·路德、培根、笛卡儿、亚当·斯密、卢梭、孟德斯鸠、哥白尼之后，还会有破坏马丁·路德、培根、笛卡儿、亚当·斯密、卢梭、孟德斯鸠、哥白尼这些人的学术主张的人。这些人破坏之后，还会接着出现破坏他们的学说的人。一边破坏，一边建设，新旧更替，而发展进步的运势也就会递进演变到无穷无尽。（凡是用铁血政策来进行破坏的，破坏一次就会伤元气一次。因此真正能够破坏的人，发生一次破坏之后不会再发生破坏了；用头脑和言论来进行破坏的，虽然屡屡推翻抛弃旧的观念，只会获得这些破坏的好处还不会蒙受这些破坏的害处。因此，破坏之事无穷无尽，进步之事也就无穷无尽。）

又比如机器兴起而手工业者的利益就不得不受到破坏；轮船兴起之后而驾驶帆船者的利益就不得不受到破坏，公司兴起而小资本家的利益就不得不受到破坏。当他们处在过渡更迭的时刻，没有不酿成妇人感叹、儿童哭号之类的惨剧的，没有不导致社会动乱困厄的景象的。等到建设的新局面完全稳定下来之后，因为破坏而获利的乃在于国家，在于社会，在于百年。而之前蒙受这些破坏的损害的人，也往往能从直接或间接上得到意外的新收获。西方人有句老话说得很好："寻求文明的人，不只是要获得它的好处，还需要忍受它所带来的痛苦。"全国国民的生计，是从根本上不能轻易动摇的，但是破坏的趋势横亘在眼前的时候，尤其不能为了避免一小部分人的利益受到损失而置大多数人的利益于不顾，何况这么做的话有百害而无一利呢？因此，欧洲各个国家自从宗教改革之后，教会教士的利益被破坏了；自从民立议会之后，暴君豪族的利益被破坏了；自从1832年英国修改了选举法之后，旧选举区的特别利益被破坏了；自从1865年美国颁布禁奴令之后，南部那些种植园主的利益被破坏了。这与我们中国废黜八股取士制度导致八股家的利益被破坏，革除胥吏导致胥吏的利益被破坏，改革官制导致官场人员的利益被破坏这些事情是一样的。他们所谓的利益，是偏私最少数人的私利，而实际上却是迷恋并想要侵吞大多数人的利益的公敌。有这样一句谚语："一家哭何如一路哭。"对于那些看到情势已经这样了还要说"不破坏""不破坏"的人，我把他们叫作没有良心的人。中国现在的情况，哪一个地方体现的不是少数人分食大多数人的利益呢？而八股、胥吏、官制，还属于其中轻微的呢。

想要走得远的人就不能不抛弃以前的老步子，想要登得高的人就不能不离开之前的台阶。如果一天到晚都停滞不前，呆滞地站立在一个地方，只是望着远方而歔叹，仰望高处而羡慕，我知道这样的人最终也不能成功。固然可以像这样按部就班，但是如果遇到了阻碍，就要披荆斩棘开辟道路，烧开山泽而前行，这是迫不得已的。如果不这样的话，即使想要前进也没有道路。有一句谚语说："蝥蛇在手，壮士断腕。"这句话说得非常对！没有看到过善于治病的医生吗？肠胃染上了疾病，不吃一些剧烈吐泻的药剂，绝对不能够治好；染上疮痈肿毒，不施行割开肿瘤、洗涤脓毒的手术，是绝对不能够治疗好的。像这样的疗法，就是所谓的破坏。如果病人害怕这样的治疗，每天吃人参、茯苓一类的草药来谋得滋补，涂珍珠、琥珀一类的霜粉来求得消毒，那么病症无不会一天比一天加剧的。之所以不敢给病人服用有助于剧烈吐泻的药物，是因为害怕导致病人身体损耗，之所以不敢给病人实行割剖洗涤的手术，是因为担心病人受不了苦痛。但哪里知道如果不服用有助于剧烈吐泻的药物，以后病人的身体亏损会越来越多，不实行割剖手术，病人的苦痛将日益加剧。长此以往，病人的病情不到死亡的那天是不会停止的。为什么不忍受片刻的剧烈吐泻来求得身体的百年安康，为什么不使身体的一个部位感受到苦痛而保全整个身体呢？病情同样是身体损耗，同样是身体苦痛，那么早治疗一天，身体的创伤也一定会比较轻，晚治疗一天，那么身体的创伤就一定会比较重。这又是非常浅显易懂、显而易见的道理。而那些为国家出谋划策的人实在是太愚昧了！这是我之所以不能理解的地方。大抵来说，今天谈论维新变法的人有两种：层次低下的人，拾人牙慧，蒙着虎皮花言巧语、招摇撞骗，把这当作是求取个人官场进步的道路。像这样的人，是学习西方知识的老八股，是施行洋务运动的草包，是如同在夜晚游历了西方。像这样的人本来也不值得一提。层次高尚的人，固然常常面容憔悴，内心焦虑，神色凝重地思索国家富强、人民富裕的途径。但是考察一下他们的举措，最开始是强调外交、练兵、购买国外器械、制造器械；稍微取得一点进步之后，就开办商务、矿山、铁路；发展到最近，就开始培训军官、警察，开办教育。这些大的方面，难道不是当今文明国家最重要、最不可或缺的事情吗？虽然如此，学习一下别人的细枝末节，亦步亦趋地模仿别人，就可以达到文明的程度了吗？就可以使国家立于不败之地了吗？我知道一定不可能。为什么呢？把绫罗绸缎穿在丑女身上，只会反衬得她更丑；把金质的马鞍佩戴在累垮了的马身上，只会更增加它的负担；把山龙刻在朽木之上，只会让朽木腐烂得更快；把高楼建造在松散的土壤之上，只会让高楼坍塌得更为迅速。这样做没有能够成功的。

现在我不一一详细论述了，请让我专门说一下教育吧。一个国家的公共教育，是为了将来培养国民。而今天谈论教育的人怎么样呢？各省纷纷设立学堂，而学堂的总办提调大多数都是最擅长钻营，为了利益奔波劳碌，能够仰仗长官的鼻息生存的候补人员。学堂的教员，大多数都是八股名家，以及窃取功名的、占据乡党势力的土豪劣绅。学生到学堂上学，也不过是说："这是现在社会兴盛的装点自己的资本，这是能够扬名立万的终南捷径。"与其在封闭的房间和学堂里学习那些诗云子曰，还不如学习现在社会上流行的ABCD。一旦考进学校，就张灯结彩、燃放炮竹向大家显示自己的恩宠荣耀（我们广东最近考上大学学堂的学生都是如此），学堂如果负担费用选派学生出国留学，那么那些草包学生便纷纷贿赂主事者以求被选上。像这样，都是今天教育事业开宗明义的第一章，也是将来预备成为一个国家教育的源泉的。请问长此以往，中国教育所培养出来的人物，能够具备成为一国国民的资格吗？能够成为将来一个国家的主人翁吗？能够在今日民族主义竞争的潮流中立足吗？我从现在的情况可以知道他们肯定不能。如果中国教育培养出的这些人物不能的话，那么有教育就和没有教育一样，那么对于中国的前途有什么帮助呢？请让我们再考察一下商务吧。经济界的竞争是今日地球上的一个大问题。各国之所以想灭亡我们，就是为了操纵我们的经济，我们之所以争取民族生存，就是为了经济自主。商务应当整顿，人人都知道。虽然如此，振兴商业，不能不保护本国工商业的权利。想要保护中国工商业的权利，不能不颁布商法。仅靠一部商法不足以独立，那么就不能不颁布各种法律来辅助法律的实施。有了法律却不能施行，和没有法律是一样的，所以不能不规定司法官的权限。制定的法律如果不好，弊病比没有法律更大，所以就不能不确定立法权的归属。有人破坏法律却没有受到惩罚，那么法律刚刚制定很快就废除了，那么不能不规定执行法官的责任。推究下去，如果不制定宪法、开设议会、建立责任政府，那么商务最终不能够得到兴盛。如今谈论商务的人，张口就说："我们要振兴商务！我们要振兴商务！"我不知道他们要振兴商务，用的是什么方法。光就一两个方面来说，情况已经很清楚了，推演到所有的事情上，没有哪一个不和这个一样。我因此知道今天那些所谓的新法必然没有效果。为什么呢？不经过破坏而想建设，没有能够建设成功的。今天不管是政府还是民间，之所以急不可待地崇拜新法，难道不是因为如果不这样的话国家就将要危险和灭亡了吗？然而像以上这样做的话，新法不能挽救国家危亡。担负着国家责任的同胞，该如何选择啊！

那么按照拯救国家危亡、寻找进步途径的方法改，怎么做呢？回答是：我们必须把中国实行了几千年的横暴浑浊的政体打破，把它化为齑粉，使几千万像虎狼一样、像蝗螟一样、像蛅蟖一样的政府官员失去他们可以依仗的权势平台，然后才能涤荡干净肠胃，使中国走上发展进步的道路。一定要把几千年腐败柔媚的学说廓清，把他们打入冷宫，使几百万像蠹鱼一样、像鹦鹉一样、像水母一样、像猪狗一样的读书人不能再摇动他们的笔杆搬动是非，舞文弄墨咀嚼文字，成为人民公敌的后援，之后才能使国家面貌焕然一新，使国家真正实施进步的政策。而要达到这种目的的方法有两个：第一是不流血的破坏，第二是流血的破坏。不流血的破坏，是像日本明治维新那样的。流血的破坏，是像法国大革命那样的。中国如果能通过不流血的破坏而实现变革，我焚香祝祷为之庆贺！中国如果不得不通过流血的破坏才能实现变革，那么我披麻戴孝为他致哀。虽然如此，悲哀归悲哀，但是想要使我们国家于这两种方法之外，要另求一种可以救亡中国的道路，我心中苦痛无法应对。哎呀！我们中国果真要实行第一种方法，那么今天就该实行了。如果终究不能实行第一种方法，那么我所说的第二种方法终究也不可能避免了。哎呀！我哪里能忍心说这样的话呢？哎呀！我又哪里能忍心不说这样的话呢？

我读西方的宗教改革的历史，看到其中两百多年的战争搅扰得整个欧洲永无宁日，我未尝不感到愁苦。我读1789年法国大革命的历史，见到其中杀人如麻，一天之内死的人以十几万来计量，我未尝不感到大腿战栗！虽然如此，我思考这件事，我深入地思考这件事，国家中如果没有破坏的种子也就罢了，如果有，怎么可能避得开呢？中国几千年以来的历史，都是以天然的破坏相始终的。远的就不详细讨论了，请让我来说一下近一百年来发生的事情。乾隆中期的时候，山东有所谓的教匪王伦率领教徒起义，清政府到1774年才平定叛乱。同一时期有甘肃的马明心发动叛乱，占领了河州、兰州，清政府到1781年才平定叛乱。1786年，台湾的林爽文发动起义，清政府派将领出征都没有平定叛乱，经过两年，才由福康安、海兰察督师平定。同时，安南之乱又兴起了，一直到1788年才平定。廓尔喀又发动叛乱，一直到1794年才平定下来。而在1793年，诏告天下捉拿白莲教的首领都没有收获；政府官员以搜捕教匪为名义，在全国恣意横行，残酷暴虐，导致国家大乱，天怒人怨。1794年，贵州苗族之乱又发生了。嘉庆元年（1796年）的时候，白莲教又在湖北大肆兴起，蔓延到河南、四川、陕西、甘肃，而四川的徐天德、王三槐等人，又各自集合数万教众起事，清政府直到1802年才平定下来。1803年，浙江海盗蔡牵又发动叛乱，1804年，蔡牵与广东的朱濆会合，声势壮大，1808年清政府平定蔡平。1809年，广东的郑乙又发动叛乱，1810年清政府平定郑乙；同一时期，天理教教徒李文成又发动叛乱，1813年才被清政府平定。没过几年，回族部落又发生叛乱，持续了十多年，到道光十一年（1831年）才被清政府平定；同一时期，湖南的赵金龙又发动叛乱，1832年才被清政府平定下来。整个国家，民生凋敝到极限，刚开始稍微复苏休息一下，鸦片战争又爆发了。

道光十九年（1839年），英国的军舰开始进入广州，1840年逼近乍浦，侵犯宁波。1841年，攻下舟山、厦门、定海、宁波、乍浦，随后进攻吴淞，拿下镇江。1842年，英国强迫清政府签订《南京条约》才停止侵略。到这个时候，广东、广西的流匪已经遍地出没永无宁日了。一直到咸丰元年（1857年），又发生了英国人攻入广东掳走广东总督的事情。1895年，又发生了英法联军入侵北京的事情。而洪秀全统治南京达十二（1853—1864）年之久，直到同治二年（1863年）才平定下来。而太平军的余党仍然威胁京城，形势危急，一直到1868年才完全平定。而回族部落和苗疆的变乱仍然在继续，于是战争又持续了好几年。等到全部平定下来的时候，已经是光绪三年（1877年）了。自从同治九年（1870年）天津教案兴起，之后百姓和教堂的纷争连续不断。光绪八年（1882年），中国政府与法国在安南发生战争，直到1885年才结束。1894年，甲午海战爆发，1895年才结束。1898年，广西的李立亭、四川的余蛮子发动叛乱，1899年才平定；同一时期，山东义和团爆发，蔓延到河北，引发八国联军攻陷北京，1901年才平定下来。今天是进入1902年之后不到150天，而广宗、巨鹿之难，以袁世凯军队全力平乱，也经历了两个月才平定下来。广西之难，一直到今天仍然蔓延三省，不知结果如何，跟着四川也不稳定了。这样看来，一百多年间，我们中国十八个行省，哪一处不是腥风血雨？我们中国四亿同胞，哪一天不是血肉之躯在战火中被炸为肉糜？在此之前变乱已经如此频繁了，在此之后难道还幻想有奇迹发生吗？恐怕变乱的剧烈程度将会千百倍增长。古人有一句话说："一惭之不忍，而终身惭乎？"（不愿意忍受一次羞辱，而使自己惭愧一辈子吗？）我也想要说："不愿意忍受一次的破坏，而愿意永远遭受破坏吗？"我们的国民试着抬起头看一看，欧美和日本等国家以破坏来治理破坏的国家，而永远断绝了国家内乱的萌芽。我们是不是不应该只是对于这些国家的变革而动心却永远停留在临渊羡鱼的状态呢？

况且害怕破坏的人，难道不是以爱惜人民的性命为理由吗？姑且不要说天然的无意识的破坏，比如上面所列举的内乱的诸种祸患，一定不是靠小仁小义就能够避免的。即使能够避免，而以今日中国的国体，今日中国的政治，今日中国的政府官员，他们以直接或者间接的方式杀死的人，每天的数量统计下来，又难道比法国大革命时代少吗？十年前山西因为发生旱灾，死去的人有一百多万。郑州发生黄河决口，死去的人有十几万。冬春交替的时候，北方的人民，死于饥饿和寒冷的人，每年都有几十万。近十年来，广东因为瘟疫、传染病而死的人，每年也都有几十万。而被盗贼杀害的人，以及为了摆脱饥寒沦为盗贼而被官府处死的人，以我们中国这么大的面积，每年死的人何止是十万呢？这些事情虽然大半都是由于天灾，但是人们乐于有群体，乐于有政府，难道不是想要通过人治来战胜天数吗？有政府却不能为人民抵抗灾祸，那么要这样的政府有什么用呢？（天灾这种事情，关系到政府的责任，我另有论述。）哎呀！中国人死于非命的现象早就存在了。被上天杀死，被人力杀死，被暴君杀死、被贪官污吏杀死、被异族杀死。杀死他们的工具，包括死于饥饿、死于酷寒、死于天灾，死于疾病、死于刑狱、死于盗贼、死于战争。文明的国家中有一个人死于非命，不管是含冤而死，还是当罪而死，而死者的名字必然会出现在新闻报纸上三四次，乃至几百几十次。所谓以人伦道德为贵，以人民性命为重，不应当是这样吗？

在我们中国哪有这样的事情呢？中国人民的性命就像是草中野鸡一样，就像是山野猕猴一样贫贱，即使是一天死几千几万人，又有谁知道呢？又有谁怜惜呢？也庆幸我们中国人生存繁殖能力强，野火烧不尽，春风吹又生，全部算下来，中国死亡和出生的人口平衡，和原先还是一样。假如中国人的生存繁殖能力稍微矜贵一点的话，我恐怕《诗·大雅·云汉》中"周余黎民，靡有孑遗"这句诗中所说的中国子民已经没有剩余的景象，早就在今天实现了。但是这还是在中国没有外部竞争的时代才如此！从今以后，十几个帝国主义列强就会像饥饿的鹰隼和老虎一样，张牙舞爪，呐喊践踏着闯入我们的国家，来吃我们的肉。几年、几十年以后，就会使我们的国家像埃及一样，将自己口中还来不及下咽的饭抠出来献给这些帝国主义列强，还不足以付清他们所要的白银数目。就会使我们的国家像印度一样，每天在帝国主义列强的膝下行三叩九拜的大礼，才仅仅能够得到半腹之饱。不知道爱惜人民性命的国家，我们该怎么来对待它呢？我们该怎么来救亡它呢？我们的国民一想到这样的情形，就应该相信我说的"破坏亦破坏，不破坏亦破坏"的话并不是过分的言论。而在这两者的吉凶去留之间，我们的国民该怎样选择呢？过去，日本维新变法的主要领导人中的第一人叫吉田松阴的，曾经对他的门徒们说："今天那些号称正义的人，几乎都稳健持重地对局势采取观望的态度，这些人比比皆是，这是最下策。怎么比得上轻快急速地打破局面，然后再慢慢谋划占据位置来得有效呢？"日本之所以有今天，都是依靠的这种精神，都是遵从的这种办法。（吉田松阴是日本长门藩的武士，因为抵抗幕府统治被逮捕处死。日本明治维新中的元勋如山县、伊藤、井上等人，都是他门下的门徒。）今日中国的弊病，和四十年前的日本相比又严重了好几倍。而中国国内那些号称有志向的人，除了采取吉田松阴当年所说的最下策之外，什么也不敢思考，什么也不敢谋划，什么也不敢行动。我又怎么能够知道他们的前途目标是什么呢？

虽然如此，破坏难道是随便说的吗？马志尼说："破坏是为了建设而破坏，不是为了破坏而破坏。假如为了破坏而破坏，那么又何必要破坏呢？并且连将要被破坏的东西也不能保存。"我再进一步解释一下："不是具备不忍破坏心理的仁者、贤者，不可以主张破坏；不是具备恢复破坏事物能力的人，不可以从事破坏。"如果不是这样的人，只是发泄自己的牢骚不平之气，有些小聪明却缺乏大智慧，把天下的万事万物，不管它是精致还是粗糙、美好还是邪恶，都想要一举把它们打碎并消灭，以供自己开心一笑。甚至于自己盖起高楼又自己把它烧毁，自己种植花草又自己把它铲除，嚣张地对众人说："我能够割舍，我能够决断。"像这样的人，纯粹是人中的妖孽！所以说，破坏是仁人君子不得已而要去做的事情。诸葛亮挥泪斩马谡于街亭，伍子胥泣血于关塞，他们难道忍心让自己的朋友死、忍心见父亲被杀而独自逃生吗！

# 第十二节　论自尊

　　日本的大教育家福泽谕吉教育学生，标榜和提倡"独立自尊"这句话，认为它是德育最大的纲领。自尊为什么叫作"德"呢？自己是国民的一个分子。自尊就是尊重国民。自己是人道的一个原子，自尊就是尊重人伦道德。

　　西方的哲学家有这样一句名言："每个人都能成为自己想要成为的人。"吉田松阴说："知识分子生存在今天的时代，想要成为随风飘扬的蒲柳，就会成为蒲柳。想要成为傲然挺立的松柏，就会成为松柏。"我认为想要成为松柏的人，是不是真的能成为松柏，我不敢说；但是想像那些想要成为蒲柳的人，却要进化成为松柏，我未尝听说过。孟子说："人有恻隐、羞恶、辞让、是非，即仁、义、礼、智四个方面，如果一个人说自己做不到这四端，那么他就是自轻自贱。"孟子又说："对于那些自暴自弃的人，不应该和他们交往，因为他们不会有什么作为。"而自轻自贱、自暴自弃的反面，就是自尊，因此君子应该以自尊为贵。

可悲啊！我们中国人缺乏自尊的品质。那些达官显贵的头簪和束发的璎珞是什么东西呢？不过是把一点点金子塞在他们束发的帽子顶上，但是人们就为了一个小小的官位，脚上穿着靴子，手里拿着笏板，恭敬顺从地向君主下跪磕头请安。钱是什么东西呢？不过是把一贯黄铜晃荡着缠在腰间罢了，但是人们就会目光为之流转，手指为之颤动，满怀着盼望和期待，围绕着这些铜钱奔走逐利。戴上帽子就沾沾自喜，那是被嬉戏的猴子的表现。别人扔一块骨头就扑上去啃噬的，那是蓄养的狗的情态。人之所以是人，做人的资格在哪儿呢？怎么能够把猴子和狗作为自己的同类却恬不知耻、不以为怪呢？因此，一个人自尊与不自尊，是定位他是国民还是奴隶的重要标准。

况且我已经领教了当今社会那些所谓识时务的俊杰的本事。国家危急，他们不是看不到。国民的义务，他们也不是不知道。但是他们口中有千言万语沸沸扬扬，讨论救亡图存，但是肩上却不愿意承担一点点的责任。问他们为何如此，他们回答说："天下这么大，有才能的人多了，想想我自己算是什么人呢，我怎么敢操心国家大事呢？"推测这些人的意思，他们认为整个中国有四亿人口，其中三亿九千九百九十九万九千九百九十九个人之中，他们的道德、智慧、技能和知识，没有一个人不比我优，他们的聪明才

143

智，没有一个不比我强，我区区一个人，哪里值什么轻重呢？这种思想如果拓展开来，必然是中国四亿国民，每个人都把自己刨除在外，把自己对国家大事的期望全都寄托在其他三亿九千九百九十九万九千九百九十九个人身上。这样统计下来人数而相互抵消，那么四亿人最终竟然到了空无一人的地步。如果只是一两个人自轻自贱、自暴自弃却不自尊，对整个中国的大局没有什么影响，但是如果中国国民全都如此，结果其最终的弊端就是，四亿国民等于空无一人。

不只是这样，作为一国国民却不尊重自己作为一个人的人格，那么断然不可能尊重自己国家的国格。一个国家的国民如果不尊重自己国家的国格，那么这个国家就不能屹立于整个世界之上。我听说英国人有一句关于自尊的名言："太阳没有一刻不曾照耀到我们英国的国旗上。"（英国的殖民地遍及五大洲，这个地方的太阳刚刚落下，那个地方的太阳又已经升起了，所以英国人说太阳永远照耀着英国国旗。）他们又说："无论在什么地方，只要我们英国人中有一个人踏上了这片土地，那么这片土地就一定会成为我们英国的势力范围。"我听说俄国人有一句关于自尊的名言："俄罗斯是东罗马帝国的继承者。"他们又说："我们俄国人一定要继承伟大的彼得大帝的志向，成为东方大陆的主人翁。"我听说法国人也有一句关于自尊的名言："法兰西是欧洲文明的中心，是全世界进步的原动力。"我听说德国人有一句关于自尊的名言："自由主义是日耳曼森林的产物，日耳曼人

是条顿民族的后代，是欧洲大陆的主帅。"我听说美国人有
一句关于自尊的名言："旧世界是腐败陈积的世界。只有我
们的新世界才有清新和淑的气息。（旧世界指的是东半球，
新世界指的是西半球。）如今的世界已经由政治的竞争转为
经济的竞争，将来在经济界的竞争中胜利的，除了我们美国
人还有谁？"我听说日本人有一句关于自尊的名言："日本
是东方的英国。万世一系，天下无双，是亚洲最先进的国
家，是东西方两种文明的总汇流。"其他的各个国家，只要
能够在世界上保护住一个国家的名誉的，没有哪一个不相信
他们拥有引以为自尊的强项。如果它们不是这样，那么这个
国家必然会畏缩不前，不能够存在于世界之上。那些比较远
的国家的例子，我不能一一列举，请让我用我们邻近的国家
来举例。我曾经见过印度人，他们动不动就说："英国的政
治制度高尚美好、完美无瑕，具有宏大高远的道德，比我们
印度往昔的政治制度强多了！"以至于把英国人的一颦一
笑、饮茶吃饭的姿势，都看作是比自己要高贵优雅几十倍。
我曾经见过朝鲜人，他们动不动就说："我们朝鲜今天更没
有什么可以指望的了！只是希望日本和世界上的各个文明大
国能够扶植我们、帮助我们。"这些见识短浅的人只见到英
国、俄国、德国、法国、美国、日本是那样的强盛，就认为
他们敢于说那些自尊的话语是靠国力的强盛；只看到印度和
朝鲜国力是那样的虚弱，就认为他们自我贬低是出于迫不得
已的原因。这是犯了因果颠倒的错误之后才说出来的话。哪

里知道自尊就是致使这六个国家强盛的原因，而自我贬低就是使印度和朝鲜自取灭亡的原因呢？呜呼！我看到这样的情况，不能不再次为中国的情况而感到恐惧！以前中国尚且还有一两种自高自大的习气，等到打了几次败仗，直到今日，志气已经被消磨殆尽。一听说帝国主义列强商量着要瓜分我们的领土，就大声哭喊；一听说帝国主义列强商量着保全我们的国土，就高兴得欢天喜地。君相官吏，要看着列强的脸色去侍奉，先要领会他们的意思去办事，就像是孝子在侍奉自己的父母一样。士农工商，都仰仗着外国人的鼻息过活，趋炎附势，为他们奔波劳碌，就像是站街的妓女在向情人献媚。政府要员的想法是："中国已经不足以依靠了！我只求傍上一个列强接受保护和援助，成为他们的殖民地上服务的官吏，能够保持富贵到终年就行了。"民间百姓的想法是："中国已经没有什么可以做的了！我只求能够获得一个强国的庇护，在他们的屋檐下苟存，成为一个能够苟且度日、养家糊口的蚁民，以逃避丧乱，让子孙后代能存活就行了。"而那些号称是有志之士的人，也说今天的中国不能够自力自救，除非有主持正义、亲近中国的国家，能够体恤我们、可怜我们、帮助我们！这是多么令人悲痛啊！我们国家今天的资格，竟然如此可悲了吗？我们国家将来的前途，竟然已经到了这样的地步了吗？这是多么令人心痛啊！往昔我们还曾具有自高自大、唯我独尊的气概，自居为上国，藐视周边的民族为野蛮人，睁眼看世界的人士暗暗地担忧，认为闭关锁国、盲目排外的荒谬思想，不仅仅对国家的外交有所损伤，更加会阻碍文明的输入途径。谁知道中国几十年来还能够命悬一线、苟延残喘，还要依赖于有这股若明若暗、无规则无意识的妄自尊大的排外思想来维持着。谁知道真守旧虽然误国，毕竟还有爱国的自尊；而伪维新误国，国家将必然无药可救。孟子说："我没听说过一个国家幅员千里却害怕别国的侵略。"这是什么原因造成的结果呢？

国家本来没有固定的国体，是借由人民才组成国体。因此想要求得国家的自尊，首先一定要从国民人人自尊开始。伊尹说："我是人民中的先知先觉者，我将用道让人民觉悟，除了我还有谁能让人民觉悟呢？"颜渊说："舜是什么人呢？我是什么人呢？能成大事的人都和我们一样。"孟子说："天没有打算让天下获得太平统治，如果想要让天下获得太平统治，除了我还有谁呢？"像孟子这样的人说这样的话，以平常人的眼光来看，即使不以为他说的是狂话，也会以为这句话说过头了。而圣贤之所以为圣贤，原因就在于这里。英国将领伍尔夫将要出征加拿大，在出征前一夜拔出宝剑击打桌面，在屋内阔步走来走去，自夸说自己的事业一定能够成功。英国首相皮特见了，对人说："我非常庆幸这一次为国家找到了一个合适的人。"奥地利首相梅特涅执掌奥地利政权五十年，经常感叹说："上天为国家降生非同一般的人才，孕育人才需要一百年，之后上天也要休息一百年。我一想到自己百年之后，就不禁为奥地利的前途担忧啊。"

皮特在1757年对一位侯爵说："君侯！君侯！我相信只有我才能救得了这个国家。而除了我之外，没有一个人能担当此重任。"加里波第说："我发誓要复兴我的祖国意大利，使意大利重新回到古罗马时代的辉煌。"加富尔因为政坛失意去务农的时候，他的朋友寄了一封信安慰他，加富尔回信戏答朋友说："事情将如何发展还不知道，上天如果能让您多活些年岁，您就等着看将来我加富尔有一天成为意大利的总理吧。"这几个人，他们表现出的高姿态和世俗上那些经常说大话却很少能够成事的人，表现形式上看并没有什么不同，却不知道这些发出豪言壮语的人在以后建立了丰功伟绩，能够把自己伟大的名字留在历史上，都是因为他们有一个不愿意自轻自贱、自暴自弃的念头，他们拼搏不息、奋勇向前才最终成就了这样的事业。哎呀！一个国家能够在世界上立足，一定有它能够立足的原因。历览古今中外的历史，能够促使国家立于不败之地的原因，哪一个不是来自人民的自尊？哪一个不是来自人民中那些出类拔萃的优秀人士对自尊大义的不懈倡导？

我想要明确一下自尊之义，那么请让我先谈一下自尊之道。

凡是自尊的人一定自爱。"在山泉水清，出山泉水浊。侍婢卖珠回，牵萝补茅屋。摘花不插鬓，采柏动盈掬。天寒翠袖薄，日暮倚修竹。"这是杜甫用绝代佳人来自况的诗。如果不是杜甫这样的人而谬托于绝代佳人，是不能够与此相称的。诸葛亮在《出师表》中向后主刘禅表明心志，首先说："臣本布衣，躬耕于南阳，苟全性命于乱世，不求闻达于诸侯。"接着说："臣于成都负郭，有桑八百株，没后子孙无忧饥寒。"诸葛亮并没有像那些固执自恋的人，故意做愤世嫉俗之状而自命清高。他那时候的自处之道，的确有别于特意地超脱于世俗者，而是把淡泊作为明志的媒介，把宁静作为致远的表记。浮华轻薄的人，谬托旷达，为自己不注意细节的行为找借口，牺牲自己的名誉，为了达到自己的目的不择手段，这离豪杰的距离实在是太远了。为什么呢？先是妄自菲薄，降低了做人的标准，那么别人还能拿什么来要求他有自尊呢？因此真正能够自尊的人，有像洁白的冰雪一样的志向和气节，之后才能挥洒他慷慨磊落的闲云野鹤的精神，才能有像挺劲有力的松柏一样的道德操守，之后才能承载起那像千仞高峰一样高耸挺立的气概。自尊实在是使人增进自己品格的不二法门。

凡是自尊的人一定能够自治。人类凭借什么比禽兽尊贵呢？因为人类有法律，但是禽兽却没有。文明人为什么比野蛮人要尊贵呢？文明人能够使法律深入人心，而野蛮人却不能。十个人能够自治，那么这十个人在他们生活的乡市成为一个最稳固团结的团体，而可以尊于整个乡市。如果一百个人能够自治，那么这一百个人在他们的省郡成为一个最稳固团结的团体，就可以尊于整个省郡。如果一千个、一万个人能够自治，那么这一千个、一万个人在他们国家中就能成为一个最稳固团结的团体，就可以称尊于全世界。在古代，斯巴达以不到一万个人组成的国家，却独尊于希腊。而在当时，英国的人口还不到中国人口的十五分之一却称尊于五洲，为什么呢？都是因为他们自治能力强，法律观念重。对于人来说，单独的一个人无法自尊，所以必须他所在的群体自尊，那么在这个群体之内的人才能与群体一起自尊起来。而如果彼此的自治力不足，那么连群体都不能组成，又哪里能有自尊呢？我们中国人的人格之所以一天天趋向于卑贱，病根就是来源于这里。

凡是自尊的人一定自立。庄子说："管理别人的人劳累，而喜欢被别人管理的人前途堪忧。"到了大同太平的极乐世界，一定没有一个去管理别人的人，也没有一个被别人管理的人。西方国家的政治，现在还没有达到庄子所说的阶段，而中国就差得更远了。一个人不是管理别人，就是被别人管理。因此管理人民的国君才有了人民，被国君管理的人民才有了国君。父亲管理儿子，儿子就被父亲管理。丈夫管理妻子，妻子就被丈夫管理。在一个家庭中，主人管理仆人，仆人就被主人管理。一个店铺之中，股东管理用人，用人就被股东管理。一个党派之中，党的领袖管理众多信徒，众多信徒被党的领袖管理。综合四亿人统计一下，管理别人的人占了百分之一，被别人管理的人占了百分之九十九。而这些所谓管理别人的人，有时候又被别人管理。（比如妻子被丈夫管理，那么丈夫有可能又被丈夫的父亲管理。丈夫的父亲，又可能又被他所从属的店铺的主人、所从属的衙门的长官管理。而后面这些人又被一两个民贼之类的人管理。像这样，一级级推展下去，不可计数，不可思议。即使是恒河沙世界中长满无数莲花，每朵莲花中都有一位佛陀，每位佛陀都有一张嘴，每张嘴都有一根舌头，让这些舌头一起说，都不能说完。）像这样，那么这四亿人中能够保有自己人格的又有几个人呢？怎么能不让人触目惊心呢？我说出这样的言论，并不是说想要大家为了让自己所尊敬、所亲近的人具备人格，就六亲不认、独来独往、我行我素，把这个当成具备现代国民意识的表现，我恰恰是为了让大家能更好地组成集体而考虑的。只有在一个群体之中，每一个人都有自食其力的途径，这之后相互之间靠感情来贯彻维系，用法律来各自约束自己的行为，那么这个群体才会强大而有力。如果不这样的话，一个群体虽然人数众多，但是所依赖的却不过一两个人，那么仍然只能说这个群体只有一两个人，不能叫作群体。比如有两户人家，甲家的父母、妻子、兄弟，都能有自己从事的职业并且能自食其力，剩下的粮食和布匹都能够物尽其材、物尽其用；而乙家却全家老小的吃穿用度都指望一两个人。那么这两个家庭哪个会繁荣，哪个会凋零，难道还需要问吗？再比如有两个军队。甲军队中的士兵们都通晓兵法，不用等到上级解释战略意图，他们每个人的意见就已经和主帅保持了高度一致，等到主帅一下号令，那么每个人就像是实现自己的战略意图一样勇往直前；乙军队却只依靠一两个勇敢强悍的首领，其他人则像木鸡一样呆滞，那么这两个军队哪个会打胜仗，哪个会打败仗，难道还要问吗？家庭与军队的治理要严格，这比社会上其他领域的治理更为重要。因此家庭成员和军队士兵的自立能力不可或缺也就不言而喻了。因此，凡是具有自尊思想，不想要玷污了上天所赋予自己的人格的人，一定会把求取自立作为人生的第一要义。自立不只是表现在一个方面，其中最为重要的是，经济上能够自己劳动有所收获来养活自己，学问上能够自我学习以促进自我的不断进步。力求能够做到供养他人是最好的，即使做不到，也要能够做到自己养活自己。如果做不到自己养活自己，即使想要不依赖别人，那又怎么可能呢？总是依赖别人，却不想被别人管治，那又怎么可能呢？依赖别人而生存，并不是有志之士所尽力避讳的。但是要能够做到我有需要依赖别人的地方，别人也有需要依赖我的地方，互相依靠才能使群体的形态更加稳固。如果一个群体中只有依赖别人的人，或者只有被别人依赖的人，那么这个群体就不能够成立，即使能够成立也不能够长久。英国人经常自夸说："其他国家的学校，可以教育出很多博士、学士，但我们英国的学校，只是教育出独立完整的'人'而已。""人"是什么呢？人就是人格。探求英国人的教育特色，发现他们之所以能够养成这样的人格，只是因为学校教授学生职业技能，使他们能够自己养活自己；又教授学生常识，使他们以后能够谋取自我发展。而盎格鲁–撒克逊人种，之所以能够高瞻远瞩，遍布全世界，只管理别人却不被别人管理，靠的都是这个原因。

凡是自尊的人一定能够自我约束。《易经》说："谦谦君子，卑以自牧。"（谦虚的君子，即使处于卑微的地位，也能够以谦虚的态度进行自我约束，而不会因为地位卑下就在品德方面放松修养。）自尊与自我约束，难道是相对立的两种表现吗？是这样，但是有说法。自尊，不是因为尊重自己的区区七尺之躯，是因为尊重自己作为国民的一个分子，人类的一个原子。因此，只要是国民的一个分子，人类的一个原子，都需要像尊重自己一样尊重对方。也就是说，只有尊重自己的人才能尊重别人。如果站在深渊边上，就认为自己很高，如果增加了很少的东西就认为自己拥有了很多，那么这个高和多也就只有一点点罢了。杀死别人来保全自己的生命，灭亡别人来使自己存活，那么自己的生命也会消亡！所以沾沾自喜、趾高气扬的人，一定是一个气量狭小的人；或者看到别人能力比自己强就心生嫉妒不给好脸色的人，一定是一个卑鄙下流的粗俗之人。小人和粗俗的人，他们离自尊之道，不是很远吗？我看西方人所谓的"gentleman"（这个词语在中国语言中没有确定的翻译，俾斯麦曾经说这个词语是英语中最有意味的字。如果要强行翻译的话，那么中国语言中的"君子"二字和它的意思基本接近），他们接人待物都有一种特别的温良恭俭让的美德。即使是对于婢女仆人，他们的礼节也会非常恭敬，如果他们要命令别人做什么，一定会说"please"，（含有恳请的意思）；如果他们得到了什么帮助，一定会说"thank you"（谢谢）。因此，尊重别人的人，别人也会一直尊重他；侮辱别人的人，别人也会一直侮辱他。这是必然的道理。何况人和天、地并列为"三才"。我之所以能够保存作为人的高尚资格，不过等于是刚好完成了人应尽的义务，有什么值得自我炫耀的呢？因此自己想要获得人格独立，首先要尊重别人的独立人格，这是孔子所教导我们身体力行的；对贡献比自己高的人和比自己差的人都瞧不起，这是六祖法师所训诫我们不可为的。

凡是自尊的人一定有自我责任感。一个群体内的人很多，而在群体内能成为众人崇拜的对象，这一定不是靠强力或者权谋得到的，一定是因为这个人在整个群体中独自担负着重大的责任，他在履行自己的责任时任劳任怨，那么众人接受并拥戴他，这是他不期望这样却这样、没有想要获得回报却获得的结果。他主动承担责任，不是想让别人尊重他而以此为钓饵，实在是把承担这样的责任作为自己不能不去尽的职责。如果不这样做的话，就是自我贬低、自我侮辱、自我放弃，是道义上的自我出卖，是精神上的自我戕害。因此，越是自尊的人越是具有自我责任感，越是具有自我责任感的人越是自尊。自尊的顶点，就像伊尹所说的"天民先觉"，像孟子所说的"舍我其谁"，像佛祖所说的"普度众生，为一大事出世"。这难道是抹杀了众人的能力，认为没有别人能比得上自己吗？只是面对自己的责任，他们就要这样去尽责，至于他人能不能像自己一样去尽责，就没有时间考虑了。我也曾经见过老朽名士和轻薄少年的自尊。他们学习一些鸡零狗碎的肤浅学问，就大言不惭地放出气焰万丈的言论。眼睛里看不到其他人，那么我们自己也不知道存在于哪里了。嘴里各种夸夸其谈，但是肩膀上却不能承担半点责任。我以前曾经写过一篇题为《呵旁观者》的文章，里面有一条描画这类人的表现：

四曰笑骂派。此派者，谓之旁观，宁谓之后观。以其常立于人之背后，而以冷言热语批评人者也。彼辈不惟自为旁观者，又欲逼人使不得不为旁观者；既骂守旧，亦骂维新；既骂小人，亦骂君子；对老辈则骂其暮气已深，对青年则骂其躁进喜事；事之成也，则曰"竖子成名"；事之败也，则曰"吾早料及"。彼辈常自立于无可指摘之地，何也？不办事故无可指摘，旁观故无可指摘。己不办事，而立于办事者之后，引绳批根以嘲讽掊击，此最巧黠之术，而使勇者所以短气，怯者所以灰心也。岂直使人灰心短气而已，而将成之事，彼辈必以笑骂沮之；已成之事，彼辈能以笑骂败之。故彼辈者，世界之阴人也。夫排斥人未尝不可，己有主义欲伸之，而排斥他人之主义，此西国政党所不讳也。然彼笑骂派果有何主义乎？譬之孤舟遇风于大洋，彼辈骂风、骂波、骂大洋、骂孤舟，乃至遍骂同舟之人，若问此船当以何术可达彼岸乎，彼等瞠然无对也。何也？彼辈借旁观以行笑骂，失旁观之地位，则无笑骂也。

哎呀！自尊本来就是人类道德中最不应该缺少的道德。但是在今日的中国，这两个字几乎成了为人诟病的名词，原因就是被上面说的那些伪自尊者牵累的。谚语说："济人利物非吾事，自有周公、孔圣人。"周公是什么人呢？孔圣人是什么人呢？都是和我们一样长着圆圆的脑袋、方方的脚趾、一样的五官、一样的四肢的人啊。但是他们却老是强调："这是他们的责任，不是我的责任。"世界上不自爱的表现，有什么能超过这些人啊！而不知道为什么，那些伪自尊者竟然把上面的谚语奉为不二法门呢？

朱熹说过："教学者如扶醉人，扶得东来西又倒。"我今天向大家阐述自尊的意义，怎么能够保证不会有人误解它的真义，以至于骄纵傲慢之气大涨，鄙薄他人之心陡增，以至于成为公德的负累、群体的蠹虫呢？即使如此，我还是要概括地对自尊予以界说，给它下一个定义："凡是不自爱、不自治、不自立、不自牧、不自任的人，绝对不能叫作自尊的人。"这五种条件中缺少哪一个，仍然不管不顾地表现自尊的人，都是自尊主义的罪人。哎呀！不能因为怕噎着就不吃饭，不能因为喝热汤的时候被烫过就心怀戒心，见了冷菜肉食也要吹一下。我深深地忧虑人人自尊就会有流弊，但我更忧虑人人不自尊。那样的话，我们中国四亿同胞，就会把当奴隶、做牛马看成是命中注定的事。而这种自我侮辱、依赖他人的劣根性，今天在甲身上表现出来，明天就会在乙身上表现出来；今天在家人面前表现出来，明天就会在路人面前表现出来，就会在仇敌面前表现出来。哎呀！我每次接见从北京来的客人，问到我们中国人近来对外国人的表现，未尝不伤心流泪！哎呀！面对国家如此局势，我又怎么能不发一言呢？

# 第十三节　论合群

　　自从地球上出现生物一直到今天，其间经过生殖繁衍，地上爬的、水里游的、天上飞的、地上跑的、有知觉的、没有知觉的、有感情的、没有感情的、有灵魂的、没有灵魂的……他们的种类和数量，何止京垓亿兆。试问一下，如今幸存的还有多少呢？自从地球上刚开始有人类一直到今天，其间经过生存繁殖，黄种人、白种人、黑种人、棕种人、有种族的人、没有种族的人、有部族的人、没有部族的人、有国家的人、没有国家的人，他们的种类、数量，何止京垓亿兆。试问一下，如今幸存的还有多少呢？一样的躯壳、一样的血气、一样的类聚群分，而存活下来的不过亿万分之一，其他的都像树叶一样枯萎凋落、像雪花一样渐然融化了。难道有别的原因吗？这是自然淘汰的结果，低劣的不能不败亡，而让优秀者强势胜出。优劣不只表现在一个方面，而能不能组成群体，实际上是其中最为根本的原因。

应该组成群体的道理，今天国内稍微有知识的人都能说得头头是道。但是问大家能不能举出组成群体的实例呢？并没有。不只是国民全体组成一个大群体办不到，就连一部分人组成一个小群体也办不到，不只是顽固愚钝的人不能组成一个群体，即使那些号称贤达有志的人也不能组成一个群体。哎呀！如果这种不能组成一个群体的恶性始终不能改变，那么像小虫子一样生存的四亿芸芸众生，也不能逃脱败亡的命运，一定会和以前那些最终消失在地球历史上的生物是一样的命运。这样的现状，我怎么能够不痛心呢？我怎么能够不恐惧呢？我推测中国人不能够组成群体的原因，有四个方面：

第一是缺乏公共观念。人们之所以不能组成群体，是因为单凭个人的力量是无法满足自己的需要和欲望的，是因为单凭个人的力量是无法对抗自己的苦痛和急难的。因此，人们必须相互支持相互依靠，然后才能够生存下来。像这样的观念，就叫作公共观念。公共观念，不用学习就能够知道，不用思考就能够产生。而生物进化界物种的优劣，就要根据具备这种观念程度的强弱来区分。既然说这种公共观念不用学习就能够知道，不用思考就能够产生，那么这中间又有强弱程度的差别，是为什么呢？这是因为公共观念和私人观念之间往往不能没有矛盾。而眼前的小的私人利益，往往是将来的大的公共利益的蟊贼。因此真正具有公共观念的人，常常不惜牺牲自己私人利益的一部分，来拥护公共利益。公共观念更高的人，甚至有可能会牺牲自己现在全部的私人利益，来拥护未来的公共利益。这样做不是违背人类的本性，因为他们深深地知道自己处在这样一个物竞天择、适者生存的世界，想要靠人的力量战胜上天的自然规则，除了舍弃私人利益维护公共利益这条路之外没有别的办法。但是那些愚昧的人却不懂得这个道理，采取完全相反的做法，只知道不顾一切地去追求私人利益，却不知道这样会危害公共利益。这就是杨朱的哲学之所以能够在天地间广为流传、边沁的功利主义之所以被当时的人诟病的原因。这是不能组成群体的第一个病因。

第二是对外界的界定不清楚。组成一个群体，一定是为了应对外界。如果对于外界没有竞争的需求，那么群体的精神与形式都没有可以附着的地方。这是人类正常的感情，不容讳言。因此，群体实际上是把"为我"和"兼爱"这两种相对立的性质加以和合而结构在一起。一个人产生自我的概念并且自私，不一定会对群体造成伤害。即使如此，一个人和另一个人交往，那么"内"指自己，"外"指他人，这里产生的"我"的观念是从个体出发。一个群体与另一个群体交往，那么"内"指自己所在的群体，"外"指所交往的群体，这里产生的"我"的观念是从群体出发。同样都是"我"，但是却有大我和小我的差别。有"我"，就一定会有我的朋友和我的敌人。既然是群体，那么群体中都是我的朋友。因此组成群体的国民，当认识到群体外有公共的敌人出现的时候，一定会先放弃群体内有个人的敌人的概念。在过去，古希腊城邦林立，互相之间经常发生战争，但是一遇到波斯人前来袭击，那么古希腊的各个城邦之间就会先停止内部战争，相互之间歃血为盟，这是因为他们认识到什么是群体，什么是群体的敌人。在过去，英国的保守党和自由党这两党之间经常爆发互相倾轧互相攻击的触痛，几乎一年到头都没有安静的时候。等到克里米亚战争爆发，即使是反对党也全力支持政府。这是因为他们知道什么是群体，什么是群体的敌人。在过去，日本的自由党和进步党这两党之间，政治纲领不同，经常发生抗衡和对峙的情况，但是遇到藩阀内阁要解散议会，这两个政党便立刻互相帮助、互相提携，结成一个政党来对抗藩阀内阁，这是因为他们知道什么是群体，什么是群体的敌人。因此凡是想要组成一个群体的人，一定先要明白内外之别，也就是与我们的群体竞争的公共敌人在哪里。现在那些迫不及待地宣扬要组成群体的有志之士，难道不是为了爱国吗？难道不是为了利民吗？既然是为了爱国，那么环绕在我们周围虎视眈眈、想要欺凌我们的国家，就是我们国家的仇敌！我们的公共敌人！除此之外就不存在其他的敌人。既然是为了利民，那么那些钳制我们、克扣剥削我们的人，就是人民的蟊贼！就是我们的公共敌人！除此之外就不存在其他的敌人。如果一个群体内部互相为敌，那么这个群体就会被外敌所摧毁、所陷落而灭亡了。然而有志之士看不到这一点，往往舍弃公敌、大敌，不闻不问，只是在本群体内部因为一点小小的意见不同而发生争执。这没有别的原因，就是因为只知道"小我"却不知道"大我"，用对付外敌的手段开对付群体内部的同胞，这就会使鹬蚌相争，而使得坐收渔利的渔人在他们背后窃笑。这是不能组成群体的第二个病因。

第三是没有规则。一个群体能够成立，群体的成员少的要有两三个人，多的要有千百兆人，没有不依靠法律来维持的。法律或者是由命令产生，或者是由契约产生。从学理上说，由契约产生的法律，叫作正义，叫作善良；由命令产生的法律，叫作不正义，叫作不善良。从事情发展的形势上说能有正义而且善良的法律最好，如果不能，那么有不正义、不善良的法律，也好过没有法律。这是社会学家和政治学家所认同的。如今有志之士号召组成群体，难道不是因为有着不正义不善良的法律的弱国病民而确定要改革的吗？但是看他们的实际行为，反而陷入没有法律约束的境地，这样一来，还有什么不被他们以革新的借口铲除的呢！不光如此，他们这样做，还会使群体没有了团结人心的平台，已经加入群体的人观望着悻然离去，想加入群体的人裹足不前，旁观的人把这引以为大戒，那么群体的力量还怎么能得到扩张呢？改革的目标又哪一天才能实现呢？我看那些文明国家的国民善于组织群体的，小到一个地区一个市镇的法团，大到一个国家的议会，没有不实行少数服从多数的法律的，从而使所有事情都能够通过表决来获得决断；而我们国内的群体组织，却往往是凭一两个人的意见对事情进行武断的决定、粗暴的反对。这是中国人没有规则的第一个表现。善于组成群体的，一定会先委任一个首长，让他代表整个群体，执行事务，授以全权，听从他的指挥。而如今组成群体的人，知道有自由，却不知道有制裁，这是中国人不守规则的第二个表现。问他们这样做的缘故，他们则说："让少数服从多数，就是让少数成为多数的奴隶。让党员服从于代表人，就是让党员成为代表人的奴隶。"哎！这怎么能是奴隶呢？人不应该成为别人的奴隶，但是不可以不成为本群体的奴隶。不成为本群体的奴隶，就一定会成为敌对群体的奴隶。服从于多数，服从于职权（即代表人），正是为了保护群体而使他不至于名存实亡。如果不这样做的话，人人对抗，不肯相互退让一步；人人孤立，不能够统一，那么势必大家竞相表现野蛮的自由，与没有组成群体之前的情形相同。即使没有公敌出现，群体也不能够自立，更何况每天还有反对者躲在其后虎视眈眈啊。这是不能组成群体的第三个病因。

第四是相互嫉妒。我曾经读过曾国藩诚子书中的《忮求》一诗，感到非常的震撼。他在这首诗中说："善莫大于恕，德莫凶于妒。妒者妾妇行，琐琐奚比数。己拙忌人能，己塞忌人遇。己若无事功，忌人得成务。己若无党援，忌人得多助。势位苟相敌，畏逼又相恶。己无好闻望，忌人文名著。己无贤子孙，忌人后嗣裕。争名日夜奔，争利东西骛。

但期一身荣，不惜他人污。闻灾或欣幸，闻祸或悦豫。问渠何以然？不自知其故。"哎呀！这虽然是老生常谈，但是对于今天误解边沁的功利主义学说的人，实在可以看成是当头一棒的话。我们试着深夜自省，能够全部避免曾国藩所告诫的这些话吗？我们中国人的品质如此恶劣，是因为积累了数千年，受到种性的遗传，受到社会习惯的传染，几乎深深扎根于每一个人的头脑中而不能自拔。以这样的国民性想要组成群体，这和磨砖头做镜子、蒸沙子来做饭有什么不同呢？

如果宗旨不相同，那么可以在言论上批评；如果地位不相同，那么可以分工去尽自己的所能；如果宗旨相同、地位相同、那么就一起齐心协力，去完成伟大的事业，这是最好的事情了！所谓齐心协力，不是一定要强行将甲的事业合并给乙。同归而殊途，一致而百虑，目的既然指向共同的一处，那么成功了，以后终究会有在一堂之中握手的一天。即使不这样，或者是甲失败了而乙成功了，或者是乙失败了而甲成功了，但是目的终归是实现了。事情如果能够成功，何必一定要是我办成的呢？仁人君子的用心，难道不应该是这样吗？就算还没有达到这样的觉悟，只想着获得一时的胜利，好自己专享成功，那么也应该光明磊落，用自己的聪明才智去竞争，才能自立于物竞天择的自然界中。如果自己真的优秀，即使成千上万的人与我竞争，又哪里需要忧患自己不能取胜呢？如果自己真的低劣，即使没有一个人与我竞争，我又靠什么才能保证立于不败之地呢？世界上可以成就的事业多了，难道一定要排挤掉其他人，才能容下自己一个人的席位吗？哎呀！想想吧！想想吧！现在的中国，在外遭受帝国主义列强的侵略，在内遭受腐朽统治的压迫，但我们的同胞多半还在酣梦之中，中国的前途却已经进入地狱之中。我个人的力量能做到的，就去拯救；我个人的力量做不到的，就跟别人齐心协力去拯救。我的力量起不了作用，就希望他人拯救成功，怎么能够摧残拯救的萌芽而替一国的仇敌誓死效力呢？那些愚钝而没有良心的人，我不指望他们了，也不指责他们了！但是我怎么能不郑重地告知那些号称是贤德智慧的人呢？这是中国人不能组成群体的第四个原因。

以上只是说了个大概。如果想详细论述，那么像傲慢、执拗、放荡、迂愚，嗜利、寡情，都足以成为组成群体的大障碍啊。只要有一个没有克服，群体就不能够组成。我听说过孟德斯鸠是如何谈论政治的，他说："专制国家的元气在于威力，立宪国家的元气在于名誉，共和国家的元气在于道德。"道德，不管干什么都离不开它。但是在以前的中国，一人为刚，万夫为柔，国家之所以能够成为一个大的群体，是靠强制而不是靠公意，那么稍微腐败一点、稍微涣散一点，也还能维持住架子直到今日，当下的君子，已经知道种种现象持续下去，不足以战胜自然界优胜劣汰的规律，就要另寻出路来改革社会现状；如果没有完全的道德，又怎么能行呢？我听说那些顽固的人经常聒噪着发表自己的言论："今天的中国，一定不可以提倡共和，一定不可以提倡议院，一定不可以提倡自治。因为提倡这些，只能使国内形势纷繁复杂，使国民之间相互倾轧残杀，最终使我们中华民族毁灭。不如还是继续几千年的封建专制统治，还可以避免发生滔天大祸。"我实在是厌恶这样的言论。即使如此，我也为这样的言论而感到悲哀，为这样的言论而感到惭愧！哎呀！我们中国的同胞们还不能自省、不能自戒吗？他们的观点不幸言中，这是小事，而因为我们的道德不达标，以至于自由、平等、权利、独立、进取等最美好、最善良、最高尚的主义，将永远被天下万世所诟病。天下万世相互之间谈论此事时，谈虎色变地说："在二十世纪初，中国所谓有新思想、新志向、新学术的人，那样那样。灭亡中国的罪过，都是他们那些人犯下的！"哎呀！如果这样的话，我们这辈人即使死一万次，又怎么能赎清自己的罪过呢！

# 第十四节　论生利分利

　　我们中国是一个贫穷国家吗？《大学》有言："有人此有土，有土此有财。"从没听说过一个有数百万里的土地、数亿人的国家担心贫穷的。说中国是一个富裕国家吗？考察官府的情况，他们用尽一切办法搜罗却无从得到财富；在街道里巷走走，人们都是面容憔悴，没有钱财养活自己。虽然对这个问题还有人辩解，但也不能隐瞒中国贫穷的现实。贫穷的原因不止一个，请允许我先专门讨论一下民事。

　　《大学》说："生之者众，食之者寡。"这句话说得太对了。后代的经济学家所说的增加财富之道，全都包含在这里面。一个国家一年的生产总额，是这个国家的人民生产的数量之和。综合一国的人民，不论是劳动的还是不劳动的，劳动的人或者从事生产，创造财富，或者不从事具体的生产活动，这些人平等地获得土地的生产和财富。一个国家的生

167

产总值，只有这么多。在这种情况下，只有社会需要供养的不劳动的人越少，社会才能拿出更多的钱提供给参加生产劳动的人。如果社会上有更多参加生产劳动的人，那么国家的财富才能一年年增加，越来越多。反之，社会必定负担过重，心力交瘁。

经济学家说财富的来源有三个：土地、资本和劳动力。这三者要相互配合才能实现财富的增长。比如说同一块土地，在野蛮民族那里就是没用的田地，而在文明民族那里就成为珍奇少见的货品。这是为什么呢？因为文明人会利用资本和劳动力来扩充土地的价值，这点是野蛮人做不到的。那么什么叫利用资本和劳动力呢？就是使用这些要素并希望它们能够产生剩余价值。什么叫产生剩余价值？就是用自己的力量去种田、去制造，在物材之上进行加工，形成器具，那么它的价值就会增长，制造出来的东西如果经过长久的时间依然保存着，就可以转卖给他人。现在通过劳动生产了器物，以后通过这些器物又转化为劳动，这样劳动就能产生出剩余价值。我现在花钱来治办物材、雇佣劳动力，物材从自然物变成了人工加工的物品，通过雇佣劳动力而创造出加工货物，这样的货物的价值必定会比之前投入的资金多，那么我的财富不但没有亏损，反而在盈利，这样就是资本产生了剩余价值。生产剩余价值每多一次，那么价值就会不断增长。为什么？生产剩余价值的行为不是重复，而是每一次都在一定基础上附加，因此可以盈利，那么也就可以变得更加富裕。人的财富能够如此增加，国家也同样如此。

每年计算一个国家的资本和劳动力，它们的数量是确定的。今年把资本和劳动力投入能够盈利的地方，第二年生产效率就会增加一些，第三年则又增加一些，每年都在增长，就能达到极富。如果今年把资本和劳动力投入不能盈利的地方，第二年的生产效率就会降低，第三年则更低，年年递减则就会导致贫穷。所以今年同一资本、同一劳动力投入盈利的地方和亏本的地方，其导致的后果差别是很大的。第二年生产总值的比例就会变成1：4，第三年比例扩大为1：16，到了第四年比例就会变成1：64。这是多么让人惊讶的结果啊！那么依靠什么确定财富的增减率呢？这件事就资本来说比较容易，对劳动力而言就比较难以辨明。一年的生产总量，它的用途不外乎两种：其中只是使用而不能有所生利的，称之为消费；另外一些斥资则是为了进一步生利的部分，称之为母财（也就是资本）。比如说有一个人，今年以一千元的资本，财富增加比例为百分之五十，而他一年的消费刚好五百元，那就是说他的消费刚好抵消了他的收入，第二年还是有一千元作为资本。如果第二年获得的总资金还是一千五百元，那就代表他的财产既没有减少也没有增加。如果遇到了有利的时机，增加的财富多于平常的数量，那么他的资本就会增加。（然而如果遇上了不利的情况，收入不及往年之多，那么他的资本就会减少。所以说群治要以进步为期望，不进不退就需要担忧，而倒退就代表出现了问题，中止虽然是不进不退，但情况也是岌岌可危。）如果这个人一年的消费只有三百元，那么第二年他就能把盈利和资本合在一起，资本就变成一千二百元，最后获得的总资金就是一千八百元。第三年把盈利（去掉消费的三百元）再与资本相合，资本就变成了一千五百元，当年获得的总资金就是两千两百多元。在相反的情况下，如果每年消费七百元，那么今年的收入就不足以抵消消费，那么本金就会减少，第二年的资本就仅剩下八百元，总获得的资金就是一千二百元。第三年本金再次减少，剩余仅五百元，而获得的总资金仅剩七百多元。如果资本逐渐减少，那么资本所产生的盈利也就慢慢没有了，不到三个周期，一千元就已经荡然无存了，这是最容易见到的情况了。这样拿着资本进行筹算的事情，士人君子每每不愿意谈论，实际上这跟治国之事是一脉相通的。一个国家的产业，如果依照前一种情况运行下去，国家没有不繁荣富强的。但是如果按照后一种情况，那么国家没有不衰败的。一个国家的浪费和个人的浪费虽然情况不同，但道理都是一样的。国家的浪费有两种情况：一，国家的国民，人人都消费多于收入，那么总体到国家而言，国家的总消费也就多于总收入。如果这样的话，这个国家不出几年就要灭亡了。虽然道理如此，但不会有哪个国家的全部国民人人都浪费。（罗马的灭亡之路与此相近，所以史学家们说罗马的灭亡是因为自身而不是因为日耳曼人的攻打。）有浪费的国民，就一定存在善于生产财富的国民进行补救。国家之所以能够维持下来而不衰败，靠的就是这个。二，国家的人民，虽然有浪费之人，也有善于生产之人，然而如果生产之人少于浪费之人，浪费之人每人所消费的数量又多于生产之人每人生产的数量，截长补短统计下来，这个国家的总消费还是多于总收入。当今孱弱的国家比比皆是，都是因为这种情况。国家总消费多于总收入，那就不得不拿出国家的总资本来消耗。总资本又能有多少呢？也就负担不起年年的消耗了。这就是资本增减的比率。至于劳动力的增减，情况跟资本相似。资本的使用，大体上治理物材占一半，分发粮食占一半。所谓的分发粮食，就是供养劳动力。只有资本多了，国家的各行各业才能兴旺，行业兴旺，才能供养民众，劳动者才能养活自己，才有力气干活。劳动者有力气加工物材，就又能生产资本，不断增进资本，他们的能力才能得到使用。如果资本逐渐被消耗而没有剩余，那么民众即使有力气也无处使用，力气也就逐渐减小了。（生物学上有一个例子：人如果长时间不适用某一种能力，那种能力就会退化甚至消失。）亚当·斯密曾说："我们英国今天的国民，比从前人都要勤劳，因为现在国家的钱财，拿来赡养劳动者的部分，比三百年前要多。三百年前的国民，劳动却得不到回报，所以往往懒惰不干活。有句话这么说的：如果辛苦劳动而没有收获，还不如整天玩玩闹闹。大概那些工商业比较发达的地区，那里的人都能够得到资本的雇佣，所以他们能够坚持去劳动，喝酒赌博这些事情也就渐渐消失了。如果把这

171

个地方设为都市，不通过资本雇佣而是消费来养活民众，那里的人一定都懒惰偷生。"（严复译《原富》乙部第三篇）所以资本的增减与劳动力的增减是成比例的。况且如果把供养劳动者的财富拿来供养那些消费者，即使劳动者不变懒惰，也无法养活自己，不是被饿死，就要出去流亡，不能娶妻，也没法养活孩子，劳动力的损失是不能弥补的，显而易见这样下去劳动力就会锐减。资本被消耗，劳动力减少，创造财富要素中三个已经失去了两个，即使有土地，那么要借助什么才能发展各种产业呢？一个国家有广阔土地、众多民众却不能免于贫困，原因就在于此。

引申来说，国家的兴衰就要靠总资本和总劳动力才能够产生剩余价值。产生剩余价值，就是资本的再生，也就是《大学》所说的"生之者"，经济学家把这个叫作"生利"。不能产生剩余价值，那么资本就被消耗，更不能再生，也就是《大学》所说的"食之者"，经济学家把这个叫作"分利"。我接下来将要讨论生利和分利的种别。我听经济学家说，生产剩余价值的人有两种：一种是直接生产利益，就像是农业和工业一类的；二是间接生产利益，就像商人、军人、政治家、教育家之类的职业。而生产剩余价值的能力有两种：一种是体力，一种是心力。心力又分为两种：一种是智力，一种是德力。如果以生产利益的事业种类分，则可以分为六种：

第一，发现和发明。（发现，就是找到新的天然物或者

172

发展某种物体的新用处，就像哥伦布发现了新大陆，又像是两三百年前人们发现了烟草中有一种特质可以供人使用。而发明，就是用新方法使用天然物，于是能扩大它的用处，但这种新方法是以前人们不知道的，就像是最近发现的无线电报之类的技术。）

第二，先占。（先占有的人能够采摘收获没有主权土地上的物产，就像是伐木、狩猎、捕鱼、采矿等。）

第三，对生货施加劳动。（生货就是说没有经过加工制造的东西，比如农业、森林业、畜牧业等。各种制造品的材料都是从这种劳动中形成的。）

第四，对熟货施加劳动。（就像把小麦谷子做成面包，把木材做成家具，把土做成陶器，把金属做成机械，把棉和丝做成布匹，其余各种关于制造的行业都属于这一种。）

第五，用于交通的劳动。（改变货物的位置，通过交通运输来方便人民生活，大多数商业就属于这一类。）

第六，用于保护助长经济的劳动。（像官吏、军人、医生等职业都属于保护生产利益的人的行业，虽然不能直接生产利益，但他们的职业就像是保险公司一样，所以不是单纯的消费者。像教育家、文学家之所以是助长经济的人，因为虽然不能直接生产利益，但通过这些人能够使人获得知识、提高他们的道德水平，对于生产利益有很大帮助，所以也不是单纯的消费者。）

以上这些都是生产利益的事业。其余不属于上述行业的，都属于分利的人。亚当·斯密说："人通过更多的雇佣劳动而变得富有，而过多地养活那些阿谀受使唤的人就会变穷。为什么呢？那些受使唤的人的能力，没处可以施加，所以他们的劳动不能转化为产品，事情做完了，劳动也就消失了，不能够产生什么价值。"亚当·斯密把这个原理推到极致，就认为分利的人不仅只有那些受使唤的下等人，从王侯国君，到执法的官吏、士兵军人，都属于这一类。所以他又说："高贵的人就像官吏、老师、医生、巫师等做文章的人，地位低的像倡优、侏儒、运输者、畜牧者，他们的劳动虽然贵贱不同，轻重不同，但是都把自己的力量运用于不能产生利益的活动之上，劳动结束后当即就消失，都属于分利的人导致贫困的那一类。"亚当·斯密的这种言论，后人多有辨析论述，我现在不具体讨论，也不对他们一一辨析了。我想通过我国的分利者的种类进行讨论。

分利的人大概有两种：一种是不劳动而分利的人，一种是劳动却仍分利的人。

第一，不劳动而分利的人：

（一）乞丐。这些人不年迈，不幼小，也没有残废没有疾病，有堂堂七尺的身躯，却不能养活自己，在路边行乞，他们不是生性放荡就是太懒惰了。人们怜悯他们使他们活了下来，但他们就像一群虱子一样寄生在别人身上。所以这种人不值得怜悯反而应该遭人痛恨。但如果因为政治腐败，或者遭受了天灾或者战争之后出现这样的人，那就另当别

174

论了。

（二）盗窃。小偷也是要使用自己的体力和心力的，然而不能把他们的行为当劳动进行讨论。因为他们所使用的力，不能跟其他人的利益共存。所以这种人是分利之人，是最显而易见的，不用赘述。

（三）神棍骗子。神棍骗子其实也属于盗窃的一种。只不过他们的技巧比较精细，比较难以破解，所以他们产生的毒害也比较深，而骗的财富也就更多。神棍骗子种类很多，不能够一一举例，就像聚众赌博、巫师巫术、风水先生、星相占卜等，都属于这一类。不是医生而冒充医生来赚钱的，也属于这一类。

（四）僧道。欧洲教会里面的神父、牧师这样的人，有识之士就知道这是国家最大的蛀虫。前面所引述的亚当·斯密的言论，多半针对那些人所说。到近代有多次革命，夺取了他们的特权，与民众平等，然后欧洲社会才得以平稳。虽然如此，欧洲教会虽然没有什么实在的用处，但还以觉醒民众作为口号。中国的佛教道教，名实都无所取。

（五）纨绔子弟。西方人教育儿子，教育他们让他们成长，教他们学习知识，使他们能够有本领养活自己，这就是做父母的责任。等到他们能够自己劳动养活自己的时候，就会让他们离开家自己生活，未来是否能够继承父母的遗产，是不一定的。所以这些人家的子女，都没有依赖性，不敢仗着家里的钱财来自己享福。中国的家庭就不是这样，家里有

175

几亩薄田，他们的子女就骄奢淫逸，没有一个劳动的，而那些豪商高官家的孩子就更不用说了。中国又把家人一起住不分家当作一种美德，虚伪地互相模仿，往往一家人能有几十近百口。如果家里有万贯家财，那么这几十口人的妻子儿女，都一副嚣张的模样：我家可是家财万贯的。他们可曾想过，这万贯家财分给这几十近百口人，每人又能分到多少呢？而这几十近百口人，都以万贯家财自我标榜，而对于家中的生计产业都不管不顾。我看所谓以前的名门望族，基本都是这样的。我们现在不必论述以前的名门望族，就是寻常百姓家，大概一家之中能够进行生产的也就只有一两个人，而需要吃喝的大概有十几个人。如果以一个人的资本和劳动来供养自己，即使是中下等的才能也基本能够供养而不至于养活不起。而以一个人的资本劳动供养十几个人，即使能力高超也不能把事情做得很完美，所以就不能把钱拿来投资，只能消耗资本来消费，最后就沦于贫困。我国国民的总资产，之所以不能拿出更多来进行资本投资，其中一个很大的原因可能就在于家族制度的不合适。所以俗语说："富不过三代。"如果能够好好地利用自己的财富，就算是十代、百代也可以继续富有。而我们中国都富不过三代，这是为什么呢？创造财富的人只有一个，可他要养活一百个人。就像是一个人劳动了一天，却要消费一百天，即使有巨大的资产，也迟早要吃光，哪还能留到后世呢？西方国家的法律，之所以是保护富人的，是因为他们为国家积累了资本。积累得越久，数目就越大，把资本用来发展产业，别人和自己都能获得财富，而国家的收入也在不断增加，这就是那些新贵旧富之所以受人尊重的原因。中国的贫穷代代相传，可没听过富有也能几代不衰的，这就是资本消耗的表现，而责任要归咎于那些纨绔子弟。纨绔子弟真的是国家的一大蛀虫。虽然如此，我们追本溯源，责任不光是纨绔子弟的问题，也是他们的父辈的问题，这是自作自受。（自己获得的财富却要分给子弟后代，所以说他们自作自受。）

（六）浪子。浪子中纨绔子弟占了一大半，也有不是纨绔子弟但依旧是浪子的人。这种人还不至于去当乞丐，也不至于沦为盗贼，他们的日常生活不过是喝酒赏花、斗鸡遛狗、跑马看戏、赌博踢球、吸鸦片、嫖娼妓，除此之外整天无所事事，穿好衣服，吃美味。这种人的最后结局，不是成为乞丐，就一定变成强盗、骗子。

（七）兵勇或者试图从武的人。经济学家论军人，有的认为他们是生利的人，有的认为他们是分利的人。我说当今世界上文明国家的军人，绝不能说他们是分利之人，为什么呢？如果没有国防，那么国难就会频繁发生，人民不能安心从事自己的行业，所以军人实际上是生产之人的保障。即使说他们是分利的人，也当然应该属于那种劳动而分利的人的一种。中国则不是这种情况。中国的兵勇，实际上是不劳动而分利的人。中国的兵勇实际上吸收了浪子、骗子、强盗和乞丐的特点并且兼而有之的。兵勇既然都是分利的人，那么想要从武的人，就像武童、武生、武举、武进士这些人，更不用说是分利的人了。

（八）一大半的官吏。中国的官吏，都是分利的人。然而其中劳动而分利的人是其中的一小半，剩下一大半都是不劳动而分利的人。不劳动而分利的，京城的官员中，除了军机大臣、章京以及各部主稿司员之外，其余的官吏都是这类。地方官员中，凡是候补人员，以及道班、同通班、佐杂班等空缺职位的大半都是如此。这类人的性质地位，和下篇的第三类人相似。至于那些劳动而分利的人，及其分利的理由，我下篇再细讲。

（九）攀附于官员而受到供养的人。这等人包括很多种，官员的亲属、幕僚、官府的差役、使唤杂役、讼棍等人，他们的性质大概差不多，我不能都提及，只把这些人都统一在这一名目之下。这类人，大多强壮而狡猾者就像豺狼虎豹，软弱愚笨者就像是蝗虫一类，都是有害的种类。一个州县的衙门，他们养活这样的人动辄数百，其他的府衙情况也可以推断出来。统计全国以此为生计的人，大概会有一百多万人，单单这个阶层的人数就相当于一个大国人数了。

（十）土豪乡绅。土豪乡绅大概都是纨绔子弟、读书人、官吏，或者攀附于官吏的人这四类人的变相而已。虽然如此，也有不属于这四类的人，而不得不把他们称之为土豪乡绅，即使本属于这四类人，既然已经变相，就应该另称为一类。所以不得不另立一种名目来概括这些人，而这种人实际上是分利的人中最强有力的人。

（十一）大半的妇女。有人说妇女应该全部属于分利的人，这是没有道理的。妇女生养子女，这是人类的第一个义务，不需要讨论，那么她们在家操劳，维持生计，这也和经济学上的分担劳动相一致。如果没有妇女，那么男子就不得不兼顾家里的事情，不能专心于自己的行业，获得的财富就会减少。所以把普通妇女全都冠以分利之名是不合适的。虽然如此，中国妇女中分利的人占了十分之六七，而不分利的人只占十分之三四。为什么这么说呢？凡是人都应该尽量发挥自己的才能。妇女的能力虽然有不如男子的地方，但也有强于男子的地方。如果能使她们充分发挥自己的才能，那么人民的经济一定能够获得巨大的增长。观察西方国家的教师、商店会计，雇佣妇女的占一大半，我们就可以知道原因了。大概综观一国的妇女，从事于家里的生活生计的占十分之六（养育儿女、做家务就是家庭内部的生计），从事于家外的生产劳动的占十分之四。（西方国家成年未婚的女子也都有自己的工作能够供养自己，也就是从事于家庭以外的生产劳动。）而中国的妇女，只有前面的情况而没有后面的情况，于是分利的人已经占十分之四了，而所谓的家里的生计，她们的能力又不能得到充分利用，不读书，不识字，不会会计的计算，也不知道教育的方法，莲步妖娆，不能干活：这些都是她们不适合生利的原因。所以通论一个国家的总体比例，分利的人占十分之六七，不分利的人占十分之三四。

（十二）残废疾病。残废疾病之人分利，这是不言自明的。虽然如此，如果在文明国家，就会有聋哑学校。他们即使有残疾，也往往能学会一些手艺，能够养活自己，所以他们分利并不多。中国如果遇到这种情况，那就没有别的出路，就都是分利而不生产的人，这并不是因为他们愿意如此，而是因为天然的缺陷、政府的失职，使他们不得不分利。

（十三）罪人。一个人犯罪而遭刑罚，必定是他损害了群体的利益，这是毫无疑问的。所以罪人十有八九属于分利的人。（但以现在的文明程度，法律还并不完善，那么犯罪者未必真的有罪，也不一定就是损害了群体利益。）虽然如此，这个人在犯罪之后，为了治安上的考虑，不得不把他投进监牢以示惩戒。身在监狱，除了受到欺凌，并不能做其他事情，这就让他又一次成为分利之人。坐牢十年，那就是分利十年，有一百人坐牢，就有一百人分利，每天消耗国家的资本才能养活他们，比蛀虫或许更严重。所以各个文明国家惩罚那些囚犯，不是对他们虐待刑罚，而是让他们去做苦役（古代的输司空、输城旦、输鬼薪就是这个意思），实在是有道理的。中国的监狱塞满了犯人，这些人自己受苦，还不能自给，就不得不依靠官府或者亲人提供的食物过活，是分利人中的一大部分。

儿童不劳动，为什么不分利呢？回答是：他们还没到能

180

够生利的年龄，应该把他们的力量储备起来，日后就能生利。儿童实在是一个国家真正的资本。（经济学家说，人的智慧能力都是生产力的一种，是一种无形的资本。所以凡是儿童都属于国家无形的资本。）老人不劳动，为什么不分利呢？回答是：他们已经过了生利的年龄，他们在这之前所创造的财富必然有一些储备下来，他们现在所用的财富就是当时自己储备的，不是分别人的财富。《礼记》有言："十六以下，上所长也；六十以上，上所养也。"实在是因为他们在人群中的地位而决定的。如果少年时代，荒废学业，不考虑将来报效国家，等长大了一事无成，像这样的人虽然还没成年，但也不得不算在分利之人中。又如一个人在壮年时代游手好闲，不做正事，没有对社会贡献自己的力量，等到老了干不动了，就全依靠公家来赡养，那么这种人虽然已经老了，也应该算在分利人之中。我们中国像这样的老人和儿童大概有十分之六七，所以我国属于分利人的老人和儿童，也有十分之六七。

地主往往自己不劳动，而经济学家不说他们是分利之人（也有说他们分利的），为什么呢？他们之前之所以能够得到土地，也不是不劳而获的，现在所享有的财富，就是从前劳动储备下来的，只是还没有用完而已。（跟老人不分利的道理相同。）如果是借助父辈的产业，这个人才得到了土地所有权的话，既不是通过自己的劳动获得土地，也没有在土地上进行劳动，只通过租税来养活自己，那就不能不说他们是分利的人。所以我们中国分利的地主占十分之六七（其他国家都是这样）。然而这些人都可以称之为纨绔子弟，所以这里不另立名目。

以上就把"不劳动而分利的人"说完了。

第二，劳动而分利的人。

（一）奴婢。奴婢的劳动，比平常人要多几倍，虽然这样，他们的劳动只是为了给主人解闷，供主人差遣，劳动的使用并没有创造财富，所以说他们分利。这种是分利人中最常见的。

（二）优妓。优妓中固然有很多贫穷受苦之人，但她们的劳动也不能创造财富，而且能牵绊住别人，让那些人也成为分利的人，所以分利的毒害比较深。

以上两种，他们分利未必是出于自己的意愿，而是有原因逼迫他们不得不如此。所以分利的责任并不在本人，而是在逼迫他们的人。凡是有人迫使而变成分利的人，都属于这一类。（府衙里的差役和奴婢是一类的，但他们是自愿当差役的，没有人逼迫他们，所以这个分利的责任必须自己承担，所以他们是不劳动而分利的人。）

（三）读书人。国家的四民是士农工商，而读书人居首。据亚当·斯密说，即使是西方的读书人，他们也被认为是分利的人。我平心而论，则西方国家的读书人，只有十分之一二是分利的人，生利的占十分之七八。为什么呢？他们学成之后，不是当医生、当法官、当律师，就是去传教、当教师；如果学的是工商业，那就是直接的生利者，就更不用说了。所以亚当·斯密的说法，加在那些人身上，我不敢完全认同，但在我们中国就不同了。我国读书人的现象，有两个奇特的地方：一是无所谓毕业不毕业，二是就算那些毕业了的人，也不知道自己所学的东西有什么用处。那些穷困潦倒的人，就在破茅屋里天天背诵练习八股文，一直到老；那些飞黄腾达的人，就忘乎所以，横行霸道，成为家乡的蠹虫。那么读书人有没有教别人知识呢？我看读书人越多，国家就越愚钝。读书人有没有教人道德呢？我看读书人越多，社会风俗就越多偷盗之事。四体不勤，五谷不分，胆小怕事，寡廉鲜耻还好吃懒做，读书人实在是一种寄生虫啊，对人民来说是蠹虫，对国家来说是虱子。（像考据家，像词章家，像新近的轻浮的时势家都是分利很多的人。那些人或以为自己虽然对社会无益，但也无害，却不知道他们所提倡的奇谈怪论，消耗了后辈的智力，腐败了国民的道德，危害极深。有书讲到：就算无益无害，但也消耗了国家的财富，那还能说是无害吗？但像那些讲明道学帮助建立国民道德来培养国家元气的人，不在这一类。但可惜我国的读书界，这样的人万亿之中也不见得有一两个。）

（四）教师。读书人中当了教师的，好像并不是分利的人。虽然这样，他们所教出来的如果是对社会有益的人，那就可以说是生利。但所教出来的是一群蠹虫，就只能说是分利。现在的读书人，都是之前的教师教出来的；以后的读书人，则是现在的教师教出来的。如果教出来的都是蠹虫，能不说他们是分利之人吗？

（五）一小半的官吏。亚当·斯密说官吏是分利的人，后人详细地纠正了他。但是，像中国的官吏，不管是劳动还是不劳动，都不能不称之为分利。官吏中的劳动的人，像京官中的军机大臣、军机章京、各部的掌印主稿司员，地方官中的督抚，到实缺的提镇、司道、府厅州县，各个要局的委员，以及出使大臣、领事等，都是这一类。但这些人的数量也不到十分之一二。这些人自称对国家大事鞠躬尽瘁、辛苦工作，那么他们的劳动归于何处呢？在于脚上穿靴手拿笏板地上书开会，他们有丝毫关心国民的利益吗？并没有。英国人边沁曾说："政府是有害的机关。然而之所以设立政府，是因为通过这种小的危害来治理大的危害。"日本人西村茂树引申了这个意思说："政府危害民众的事情比较少，但能够制止其他更大的危害，就称之为好政府，如果危害民众多，而又不能制止更大的危害，就只能称之为坏政府。"如果是这样的话，官吏是分利的民贼，这个事实昭然若揭，不容辩白，只看他们所分利的比例是多少而已。如果他们能够遵守职责为人民抵御其他的大灾难，那么这中间所生利的数量，还能抵消他们分利的数量并且有富余。所以文明国的官吏，不是分利的人。国民的大灾难有哪些呢？水旱等天灾、流行传染病、地方豪强的欺凌、案件中的冤屈、盗贼横行等，更严重的还有外国列强的掠夺、丧失主权、割地赔款等，像这样的事情就不能不依靠政府来解决问题。政府如果能够解决这些问题，那么国民把血汗钱的十分之一二贡献出来养活政府，也就像是营业者要买保险一样，是不能吝啬的。像中国有这样的吗？人民有灾不能体恤，有冤不能伸，灾民遍地也不能救，强盗满山也管不了。假如遇上打仗，一遇到战败，就割地赔款赔偿列强；假如畏敌如虎，就只能对别人阿谀奉承，对自己的人民则搜刮民脂民膏来保全自己。按前面的说法，有官吏就像是没有官吏，按后面的说法，则是有官吏不如没有。做官而不能为民众抵御忧患，本来就已经有害了，更何况因为官吏的原因，民众的忧患更加加深了呢？别的种类的分利的人如果分一份的财富，这样的人就要分两份。（劳动而分利的官员，他们的责任比不劳动而分利的更多。）所以中国的官吏，实在是最大的分利者，而其他的分利者大概都是由这类人产生的。

（六）商业中的分利者。既然有自己的职业就不能说他们是分利的人，但也需要详细辨析。我认为现在中国从事商业的人，不分利的只有十分之六七，而分利的还有十分之二三，就像那些投机倒把，也就是俗话说的买空卖空的人，他们的手段类似于赌博，主要的企图在于骗钱，这些人一定是分利的人。至于那些开酒楼剧院的，把其他人引导到分利的道路上，即使这些酒楼老板都很兢兢业业，也不能不说他们是分利的人。又像是贩卖分利的事物，像鸦片、香烟、酒以及一切有害卫生的东西，脂粉、首饰等一切女人用来美容的东西，香烛、爆竹等一切与祭祀神鬼有关的东西，古董、书画等让文人拿来赏玩的东西，印刷八股、小说、考据、词章等没用的书籍，甚至一切文人墨客特别精致的物件（我八年前曾和一个人去北京琉璃厂，那里商店中不属于分利的不到十分之一），凡是从事于上述行业的，都是分利之人。虽然这样，但责任不在于从事这个行业的人，而在于消费者。为什么呢？如果没有人喜欢这些东西、使用这些东西，那么这些东西就不会流通在市场里，这样的行业也就不再存在了。所以这其实是分利的结果，而不是分利的原因。

（七）农业、工业中的分利者。农业、工业也有分利者吗？有的。比如那些种植罂粟、烟叶的农民，制造各种有害无益的产品的工业者，都是分利的人。然而考察他们的责任，就和前面所论的商业相同，不能说是直接分利。（例如种罂粟是分利的行为，这是人人皆知的，然而因为很多人都吸食罂粟，又像是生利而不是分利。虽然这样，种植罂粟的人越多，吸食者就越多，正是这个行业转为分利的原因。）又例如分工不细，做成的东西也不好用，那么工作虽然辛苦也是分利。（就像制作针的人，以一个人的能力，每天都做这一件事，做一天也不一定能磨成一根针；如果把这个工作分成几个部分，每人专门负责一个部分，做针需要十八个步骤，就让十八个人分别做一个步骤，那么一天就可以得到八万六千根针，每人每天四千八百根。让一个人做针，一天做一根，相当于浪费了四千六百七十九根，这样劳动都被浪费了，所以说分利。）没有器械，做事情就会笨拙花时间，工作辛苦也是分利。（如果一段路程，走铁路三天可以到达，没有铁路就需要二十天，那就是让人浪费十七天时间在路途中，把力气浪费掉，所以叫作分利。又如，如果有铁路，即使十吨的货物也不需要人力马拉，几天就能到达千里之外，如果没有铁路只能靠车辆，那需要十辆车走半个月，马力、人力都被浪费，这就是分利。如果连车都没有，那就需要几十个人背着走一个月，浪费的人力就更多，就更加是分利。又像如果没有开矿的机器专靠人力来做，如果有机器就只需要几个人就够了。推而广之，大凡工作几乎都是这样。人的数量是一定的，人力也是有限的，把人力用在此处，那么别处就没有人力可用，如果一人一天可以做成的东西现在需要一百个人一百天才能做成，那么这九十九个人的九十九天都是浪费的，所以叫作分利。）这种情况如果推演到机制，那么现在文明极为发达的国家的工艺，或许在后人看来，也是属于浪费劳动力的吧？所以用分利来指责我们雇佣劳工是不对的，虽然这样，现在我国的工人与欧美的工人进行比较，不可不称为分利。像这样的情况，不是国民的责任；而是国家机关的责任；不是一个人的责任，而是团体的责任。

以上我把"劳动而仍分利的人"说完了。

我现在想以中国国民的数量做一个大约的计算，来看生利分利之间的比较。（中国没有统计，即使能够巧算也得不出真的结果。不过，我现在就根据自己的看法猜想一下，所举的数目也只少不多。）

大约四亿人中，分利者有两亿一千万多人，其余的是生利者。

## 分利人数

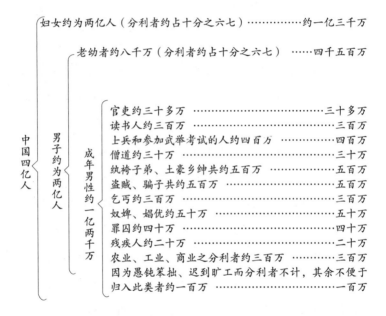

把中国人分为五大族，考察人民的行业而比较如下：

（一）汉族。大概分利的人有十分之五多一些，生利者有十分之四多一些。

（二）满洲族。在关外的满洲族人，生利分利的比例与汉族相等。在关内的满洲族，都是分利者，没有生利者。（因为本朝有限制规定，满洲人不能从事工商业，所以在关内的满洲人不是做官就是当兵，不是读书人就是纨绔子弟，否则就是攀附于官员，终究没有可以生利的途径。）

（三）苗族。大约分利者占十分之二，生利者占十分之八。

（四）回族。大约分利者占十分之三，生利者占十分之七。

（五）蒙古族。大约分利者占十分之四，生利者占十分之六。

大概分利之人，多出于上层社会、中层社会，而下层社会的人民中分利之人很少。只有坐拥强权的人才能靠别人所创造的财富生活并分享别人的财富。以上所举分利的各种情况，除了乞丐、奴婢、罪犯、残疾等几种之外，其余大都是一个人分几个人的财富。我曾经计算过，至少三四个人所赚的钱才能补偿一个人的消耗。我中国四亿人，分利者有两亿多，而这两亿人也不是剩下的两亿人辛苦工作能养活得起的，至少要两倍、四倍于他们所赚的钱。呜呼！像这样，人民怎么可能不穷困呢！所幸我们国家地大物博，小民的生产力多而强，还可以勉强弥补亏空，把国家维持到现在。否则，国家早就灭亡了。然而这个优势可以长久地依靠吗？那些生利的两亿人，如果能自己生产，只需养活自己，那生活就会很富裕，但是现在每人都有比正常情况多三四倍的负担，即使有很强的能力，哪能负担得起呢？穷困、潦倒，最后不能赚钱，就不得不变成乞丐、强盗、骗子，最后走上犯罪道路了，于是分利者逐渐变多，生利者渐渐变少。分利者更多，那么剩下的生利者的负担就越来越重，最后越来越多的生利者不堪重负变成了分利者。像这样恶性循环下去，它的弊端就足以使一群人当中分利者占十分之七八，生利者只占十分之二三，高丽就是一个例子。到了八九个人分一两个人所得来的财富，那么分利者也不能享福了。涸辙之鱼，只能相濡以沫，死亡只是时间的问题。以我国国民勤俭节约的精神，我相信我们大概不会沦落到高丽的情况。虽然如此，我国所处的地位，也和高丽不同。我们是五洲第一大国，经常别的国家对我们虎视眈眈，我们国家的资本日益减少，就一定会有外国的资本进入我国，他们利用我国的土地和劳动力，用他们的资本获取剩余价值，他们的资本在不断增加，那是属于外国的，而不是我们的。因此，外国资本每多一点，我国资本就会更少一点，我们的总资本每年有减无增，情况将会怎样发展就很明了了。直到资本无处可以投资，国家就变得民不聊生，印度就是这样的情况。曾经印度的土地也不比我们小，他们的人口也不比我们少，可是现在竟落到这种地步！我每每想到这个，就忍不住汗流浃背，眼泪涔涔。我们国家那些还在高堂上嬉笑玩闹的人，他们可曾想过这些呢？

我们现在以不到两亿的人口，除了养活自己，还养活了另外消费三四倍的两亿人口，他们的力量还能勉强支撑，由此可见，我国国民的生产力，如果只养活自己，能够超出需求的四五倍。如果没有那两亿多分利者来消耗财富，那么两亿人的生利者创造的财富，必然是现在的四五倍。如果让那两亿人的分利者成为生利者，那么全国的总资产一定比现在多八倍乃至十倍。我们中国土地第一、劳动力第一，三个生产要素中占了两个优势，唯独缺少的就是资本。如果我们有这八倍十倍的资本，与世界上任何一个国家竞争商业，谁又能赢过我们呢？这还是在我们分工不细、机械不完备的情况下推测的；如果我们分工精细、机械完备，那么财富的增长率，还算得过来吗？国家富强了，而人民还很贫弱，这样的事情我还没听说过呢。如果像这样，那么二十世纪世界的经济竞争，我们国家一定无人能敌。但是，饥人说食，终不能饱，我应该拿天下苍生怎么办呢？我应该拿天下苍生怎么办呢？

其他省份的情况我不了解，我现在只说广东省的情况。我们广东省前总督张之洞把赌博改成税收，李鸿章把小摊杂赌改成税收之后，经济日益局促。乡里的人民都说："我与其每天在田地里干活赚一百钱，还不如去雇人开赌场能赚几百钱，或者找人唱曲，赚得更多。"于是安徽省一大半人都做这些事情，小贩、农民、手艺人等渐渐少了。普通小民怎么会知道，转行以为是能够获利，而不知一省的总劳力，渐渐被虚耗，一省的总资本也逐渐被消耗，不知道哪一天，一金就只能换几斗米了（这是最近的报道）！那些曾经把分利当作财富的，到底是什么财富呢？广东省近来的困窘，原因不止一个，然而官员开赌场进行分利，以此消耗有限的资本和劳动力，实在是最重要的原因。所以广东省的盗贼很多，虽然也是因为风俗的缘故，但难道不也是因为生利者不堪重负，被迫为盗吗？如果按这种恶性循环进行下去，十年之后，广东省的生利者人数就不到十分之二三了，分利者一定多于十分之七八。这就是循环的例子。现在广东在全国以富有而闻名，但弊端还这么严重，可想而知其他省份的情况了呀！

读者不要以为我说的这些都是随随便便的。当今是经济竞争的世界，一个国家的荣辱沉浮，都与此相关。难道各位看不到八国联军入京之后，没有要我一寸土地，但却努力在扩张经济事务的范围吗？难道只有占了我们的宫殿，住了我们的房屋，掳走我们的孩子，国家才算灭亡吗？他们现在是在剥我们的皮、吸我们的血，最后让我们枯瘦而死，他们想要的都已经得到了。那我们应该如何应对这种状况？政府当然要起到自己的作用，但这并不是单靠政府或者那几个人的能力就能拯救的，现在最要紧的事情，就是必须让国家的生利者多起来，分利者减少。而转变的次序，就是先让每个人自己不要变成分利者，阐明其中的道理，然后劝勉全国的分利者以分利为耻。然后再开展新的政策，使从前的分利者可以有工作，有改正自我的道路，变成生利者。天下的事没有中立，不进就是退，这两者是相互消长的。如果真的能改变，我们国家的弊端就会全部消失吗？改革的事情，是一步步来的，想要变成甲，就要先变乙，变了乙，还要变丙，说到政策上来，那么我要跟谁一起讨论、一起实行呢？呜呼，我竟无言。

# 第十五节 论毅力

曾子说："士不可以不弘毅，任重而道远。仁以为己任，不亦重乎？死而后已，不亦远乎？"这句话说得太好了！这句话说得太好了！

想要学做人，必须能够坚信坚守这个道理，并且身体力行，否则即使有再高的志向和理想，即使有高超的才能，也最终无所成就。

人们的生活，常常与自然相竞争，是不断竞争的过程。自然造物，往往与人类的意愿相违背，所以自然的反抗能力也非常巨大。但人类有进步向上的天性，不满足于当时当地的现状，所以人的一生，就像几十年的逆水行舟一样，没有一天能够休息的。况且也不光是个人如此，大到一个民族，甚至更大的全世界，也都是在这条道路上孜孜以求的。他们的希望越远，志向越大，所遇到的困难阻挠就越多。就像在小河里航船与在大江大河甚至海上航船所遇到的困难不同，艰难的程度也与奋斗的境界的广度相关。道理就是这样，不需要奇怪。

古今天下的事情，成败不定。那么凭什么成功，又因何失败呢？有毅力的人能成功，没毅力的就会失败。大概人生的路，十分之六七都是逆境，顺境则很少，并且顺境和逆境是相互交叉出现的，无论大小事情，必然会出现几次乃至几十次的阻力。阻力有大有小，都是无法逃避的。如果一个人意志薄弱，刚开始总说"我想干什么，我想干什么"，好像以为天下的事情都特别容易，等他一步步开始做的时候，阻碍还没出现就已经丧失意志了。不太弱的人可能凭借着一时的气力，刚跨过第一关，再遇到挫折就要打退堂鼓了。稍微强一点的人遇到三四次挫折就会退缩。更强的可能五六次。要做的事情越大，遇到的困难就越多，要想不退缩也就越难，不是意志很强的人，很难把事情很好地做完。如果遇到了挫折不退缩，那么，小的挫折过去就会出现小的顺境，大逆境后必然有大顺境。那些最难的盘根错节的事情解决了，剩下的事情就会迎刃而解。旁观者只羡慕他们能够成功，以为他们只是靠运气，是上天的宠儿，又认为自己运气不好，所以才做得不如别人。殊不知人在做事情时遇到的困难和幸运都是相同的，但是否能够征服困难利用自己的幸运，每个人的处理结果是不同的。更比如划舟这样的事情，如果要划舟几个月行几千里的路程，这期间风向有顺有逆，相互交替，一个人能够坚持忍耐，逆风而行，逆风过去之后就能够从容顺风而行了。我要是划一天就受阻折返，或者两三天而返，五六天而返，那么目的地就永远无法到达。孔子说："譬如为山，未成一篑，止吾止也；譬如平地，虽复一篑，进吾进也。"孟子说："有为者譬若掘井，掘井九仞而不及泉，犹为弃井也。"成败的道理，就看能不能坚持了。

人不能没有希望，然而希望和失望是相辅相成的。只有失望的话，可能信念就会死去。培养自己的希望不让它消失，靠的就是毅力。所以志气、才能都不足以依靠，唯一可以依靠的就是毅力了。摩西是西方古代的第一伟人，他当初怜悯犹太人在埃及做奴隶，这是他的志气胜于常人；摩西带犹太人出埃及，最初埃及人不答应，经过十几年才得以动身。他们动身之后，埃及人不断阻挠他们，经过十几次战争才离开了埃及。出了埃及之后，不能够到达目的地，又在沙漠里彷徨了四十年。但凡摩西的毅力有一点不足，可能在最初埃及人不允许他们走的时候就灰心了，或者在过程中见到埃及人阻挠就灰心了，或者在最终阶段看到前往迦南目的地的路途艰险也就灰心了，这些情况只要发生一个，摩西也必定会走向失败。曾经的哥伦布是新大陆的发现者。他相信大海的西边一定有大陆存在，这是他见识过人。但在他年轻时，妻子和孩子都离他而去，钱财也没有了，只能穷困潦倒地在大街上乞讨，然后他游说有权有钱的人，那些人笑话他，他又去葡萄牙的政府请命，政府也拒绝了他。当他奉西班牙王室之命出海向西航行，六十天了都没见到大陆，同行的人想失望而归，于是阻挠哥伦布不下几十次，到最后甚至共谋想要谋杀他，如果哥伦布毅力不足，那么当初会因穷困而沮丧，然后会因没有人理解而沮丧，后来因为艰难险阻而沮丧，最终因为危险灾祸而放弃，那么哥伦布最终就不会发现新大陆。曾经的巴律西是法国最著名的美术家，他认为法国的陶器太过于粗拙，想要改良，于是自己造窑试验了几年，家里的钱财全部花光，后来又造了一个窑，又失败了，最后没有钱再造，就只能收集了三百多件土器再不断试验。日日夜夜不休息，却始终没有做成功，就这样进行了将近十年。最后他第四次进行实验，不管是砖石的制造还是窑灶的制作，全都亲力亲为。七八个月之后，才把窑做好，又用土做陶器，进行烧制。白天黑夜都坐在很热的窑里，等待着烧制成功，他的妻子每天给他送饭，看着很不忍心。到了第二天，太阳落山了，土质还是不变软，但他还不离开，以致最后蓬头垢面，憔悴得没有人形了。像这样过了一个星期，他都没合眼，但还是没有成功。从此以后，不断调制新的材料，在那里坐守十天二十天对他都已经成为平常之事。最后一次的时候，所有的条件都已经完备，烧制快要结束的时候，柴火突然烧光，但此时火还不能熄灭，巴律西茫然若失，感觉自己的努力都要白费，于是把园子里的篱笆都拔出来当作柴火，但还不够，就把家里的桌椅板凳全都砸碎投进了火炉，柴火不够，又把木架砸碎，还不够，把床摧毁了，依旧不够，最后把门也砸了……他的妻子以为他疯了，于是在家里大声呼叫并找来邻居帮忙。没过多久，他烧制的陶器陶质受热变软，颜色变得柔和，变成了一个很好的器皿。到那时候，巴律西因为制陶而过着贫困生活已经有十八年。如果巴律西毅力不足，他必定是一个失败的人。又如架设海底电缆的维尔德，他曾经拥有百万巨资，一心一意想做成这个事业，想要让美国和英国之间跨越海洋连通电信。当时他请求英国政府资助，哀求了很多次才得到允许，而美国议院则反对声强烈，对他的赞助仅以一票之多通过，可以说是十分困难的。当他刚开始铺设电缆的时候，第一次铺到五百里就失败了，第二次是二百里，因为电流不通而失败，第三次即将成功的时候，因为所乘的军舰倾斜不能转回，电缆也中断了。第四次开动了两艘军舰，一个向爱尔兰出发，另一个向尼德兰出发，中间只相距了三里，但线还是断了。第五次尝试，两艘军舰距离八十里电流才通，又突然失败了，监督工程的人都已经绝望了，资本家也都后悔投资这个项目。第六次到了海上七百里一个叫利鞠的地方，电信才通上，本来以为已经成功了，然而电流又突然停止了，所以再次失败。第七次又购买了新的线架设到距离尼德兰六百里的地方，将要成功的时候线又一次断了。这个事业已经进行了一年多，而维尔德一家的财产已经花光了，他又一次颇费口舌，劳累不堪，游说英美的富有者，另开办了一家公司才最终取得成功，使全世界都得到实惠。如果维尔德毅力不足，尝试一次、两次、三次，最终也会失败的。著名的迪斯雷利，四次竞选议员也没有成功，最后成为英国名相。加里波第曾经五次革命起义都失败了，但最终建立新的意大利。史蒂芬·孙制作机器，十五年才做成。瓦特发明蒸汽机也花了三十年。孟德斯鸠的万法精理也花了二十五年。亚当·斯密的《原富》，十年写成。达尔文的《种源论》，十六年写成。吉朋的《罗马衰亡史》，二十年写成。倭斯达的《大辞典》，三十六年写成。马达加斯加的传教士，十年才能收到一个信徒。吉德材在缅甸传教，拿利林在中国传教，一个用了五年，另一个用了七年，才得到一个信徒。由此看来，世界上无论古今，也无论事业的大小，那些能够有卓越成就，在当世彰显并传于后世的人，没有一个不是坚韧不拔，具有强大毅力的。而且不光西方国家是这样，如果征引我国古代历史，情况也是如此。勾践在会稽山上，田单在即墨，汉高祖在荥阳、成皋等，原本都是失败的迹象，而他们之所以最后成功了，就在于具有非凡的毅力。张骞出使西域，几次都差点丧命，往往几天甚至十几天吃不上饭，前后历经十三年，而最终能够在国外宣扬汉代的国威。如果张骞毅力不足，那也会变成失败的人。刘备最初在徐州失败，后来在豫州、荆州又失败，已经到了垂暮之年，才得以在益州稳定大业。如果没有毅力，刘备也是失败的人。玄奘以唐朝国师的身份，翻阅葱岭去印度取经，路途上有猛兽，受到疾病和饥渴的折磨，语言不通也很难交流，这样经过了十七年，最后才取得真经，回到国内宣扬佛法。玄奘如果没有毅力，也是失败之人。而且我们不需要征引很远，就看这几十年来像曾国藩这样的人，当时刚兴起的时候也是殚心竭力，军饷也没有筹措充足（《与李小泉书》说："我在衡阳的时候极力发动募捐，总是没有起色，收到的钱财不够万元。各乡的绅士前来殷勤资助，奈何乡里物资并不多，想要放手干一番事业，然而却屡屡遇到困难。"又《复骆中丞书》说："捐输这件事已经托付给很多人，印发的宣传册也不少了，据说到了年尾某处一千，某处五百的。做事情就像水中捞月，就算已经完成一半，一经动摇也就全盘皆输。"……因为当时乡绅办团只靠捐赠的钱财而不会把自己的财富拿出来），兵勇调和困难（曾国藩当初在衡阳办团时，标兵突然闯入他的府宅，曾国藩勉强得以活命。他文集中的书札卷二《与王璞山书》《上吴甄甫制军书》各篇都讲述了自己这段经历，所以这里不多录），副帅将领等难以驾驭（《复骆中丞书》说："王璞山本来应该是我应该器重依靠的人，但是今年他在各个地方自我夸耀，而很多人也附和称赞他的贤才，我还没跟他共赴患难，现在就已经不愿意听我节制了。原本的同道中人、好朋友却现在有了矛盾。"……当时用人的困难可见一斑）。衡阳水师已经训练多年，刚一出战就在靖港战败，曾国藩当时就想自杀，后来仔细想想才放弃这个念头。直到咸丰十年，任江督，驻扎在祁门，苏、常等地刚刚陷落，徽州也紧跟其后，周围八百里都是敌人的地盘。有人劝他移师江

200

西确保粮草供给，或者迁到鏖江干保持粮路畅通。曾国藩说："我离开这里那就必死无疑。"到了同治元年，合围金陵的时候，突然暴发传染病，上自芜湖，下到上海，士兵们都染上疾病。杨岳斌、曾国荃、鲍超等将领都卧床不起，厨房里没人做饭，城墙上没人看守，他苦守四十六天，最后才解除困境。事后曾国藩自己说这几个月真的让他肝胆俱焚。看他在《与邵位西书》中说："军事的事情一定要有权力、要有气势才能获得成功。我现在处于无权无势的地位，常常有争权夺势的感觉。年年依附别人，很少有人追随我。"在《与刘霞仙书》中说："荆轲和苌弘，他们都是有一片赤胆忠心的，但是往往不被人理解甚至是误解。古今都如此，我怎能逃脱？屈原之所以自沉汨罗江，就在于他有良知。"在《复郭筠仙书》中说："我曾经在湖南、江西，几乎全国都不能容我。六七年间，我都不想听闻天下的事情，然而自己想要做成的事情关乎天下，连性命都可以不顾，谁还在意毁誉名声呢？所以我拙进巧退，以忠义来说服别人，才能苟且保全自己。"大概当时所处的困境，比上述这些还严重。当事业完成之后，统治者以为他有得天独厚的运气，却不知道他当初所遇到的艰难险阻。他正是经过百折不挠的努力才有了今天。如果曾国藩的毅力有一点不坚定，最后也会失败的。呜呼！统观古今中外的十几个君子，那么我们现在这些想要有所成就的人，可以思考一下了。拿破仑说："兵家的成败，关键在于最后的十五分钟。因为我困顿的时候敌人也处于困顿之中。我的士兵疲累的时候，敌人的士兵也很疲累。那我趁别人困顿疲累的时候一鼓作气去攻打他们，那胜利就一定属于我。"这是说成功的办法并不特别难。古语说："行百里者半九十。"这说的是成功也并不那么容易。是难是易，你们自己选择吧。但是成败的定论，也不能以那些俗人的看法而定。因为一个人志向越大，成就也越大，这个成就来得也就越晚。一个人立志拯救一个国家，国家的进步往往几十、几百年才能完成；立志拯救天下，天下的进步需要近百上千年。而我们人类的生命，就算是圣贤或者豪杰，也只能活几十岁，如果做任何事都要看到结果，那么还怎么担负重任呢？所以应该明白马丁·路德当然是成功的，而拉的马、列多黎、格兰玛（这三个人为宗教革命而死。格兰玛被绑在柱子上烧死了）也都是成功的。哥伦布是成功的，而伋顿曲（他在夏威夷的时候被当地土著人杀害）也是成功的。狄渥是成功的，噶苏士也是成功的。加富尔是成功的，马志尼也是成功的。大久保木户是成功的，吉田松阴、田东湖也是成功的。曾国藩是成功的，江忠源、罗泽南、李续宾也是成功的。成败的判定要看他们的精神，而不是事情的形式。不然，孔子的七十二弟子没有用处、在路上老死，耶稣在十字架上受难，难道都能说是失败的吗？所以真正有毅力的人，心中怀有长久的希望，而不计较眼前的得失。不是不求成功，而是知道这成功不是一朝一夕的事情，所以不求了。不求成功，又哪有失败的道理呢？目光短浅的人只看到他们生命结束或者被杀害，就妄自议论说："他最终失败了。"他们怎能会知道天下的大事往往现在失败、日后成功，在我这里失败、后人一定能够成功这个道理呢？既经有现在努力得到的原因，那么成功的结果也就指日可待。天下只有那些不做事情的人是一定会失败的，而真正做事的人一定立于不败之地。所以我说毅力有两种：一种在乎成败，于是做事就全力以赴，这叫作刚毅。第二种是不在乎眼前的成败，把自己该做的努力做到最好，把生命献给这项事业，这叫作沉毅。

像这样的情况，不仅在于个人，对于一个民族也是如此。伟大的民族，它的行动一定是有远大的目的，不断地向目标前进，经历几十年甚至几百年都不间断。我们看看英国。克伦威尔以后，把对外通商建立殖民地作为国家的大政方针，之后的几百年也不更改，直到世界上每个地方都遍布着英国的殖民地。五大洲，甚至不同时区的地方全都有英国国旗，就这样还觉得不满足，殖民大臣到世界各地宣讲进一步扩大的办法。那么俄国呢？俄国从彼得大帝之后，把向东侵略作为国家政策，之后几百年不改变，扩张到近东时欧亚各国多番阻挠，扩张到远东时欧洲、亚洲、美洲都来阻碍，但扩张的脚步依然没有停止。俄国最近已经把自己的势力扩张到满洲了，又出现了达达尼尔事件（最近的国际问题，俄国蔑视《柏林条约》，让自己的船只从土耳其达达尼尔海峡出黑海）。统计全球的几十个国家，有朝气、有未来的，不过十几个，考察他们的特点，都是因为他们的国民具有强大的毅力。当然也存在几个一时起意学习强国的国家，但都是昙花一现很快就归于衰败，现在的南美洲就是例子。孟子说："祸福无不自己求之者。"上天对待下面的民众，不会有什么私心。呜呼！国民！我们的国民应该明白了！

我发现我国国民性的缺点不下几百个，而最大的缺点就是缺乏毅力。那些老辈有权力的人，人们认为他们"守旧"。那么守旧有什么坏处呢？英国的保守党在历史上赫赫有名，功绩卓著（现在的内阁还是保守党）。那么保守党就应该坚定地保守下去，甚至以身殉之。为什么戊戌变法一颁布，全国的保守党三天就全不见了？义和团的起义，我虽然觉得他们很愚笨，但也惊讶他们的勇敢，认为他们的排外斗争应该可以成功，为什么经历了几个月，一个区区外国使馆也没有攻下？为什么八国联军一到，出现的只有顺民旗，又不见义和团了呢？剩下的只有二毛子，而不见义和团了呢？各省闹教会的案件本来就是野蛮的行为。但是我听说三十年前，日本民间也有很多暴动滥杀外国人的事情，等双方进行交涉的时候，领头起事的人就会在外国官员面前自杀，不让自己的义愤连累亲人。而我国做类似事情的人都是一呼百应，但遇事就作鸟兽散，不顾大局，更连累自己的国家。至于那些进步人士，稍微了解外国的人，把维新当作口号进行标榜。维新难道不是好事吗？既然是新的东西，就应该不惜生命保护，为什么看到金钱、声色、官职的诱惑就动摇立场，不再坚持？有人说，是因为这些人心术不正。那些人当初或许也看到旧东西有些值得坚守，但是新的东西又不能支持，都是想看朝廷的态势换取自己仕途的发展，博取虚名保证自己的衣食而已。我说这样的人固然不少，但我还不敢以这种恶意恶名来概括天下的士人。总体说，就是意志不坚定，知道道理却不能坚守，能够开始却不能善终，这样的情况很多。那些守旧的人不值得说，至于那些号称维新的人，有人说只要有这些人存在，就能够得到安慰了。呜呼！我认为这是不对的。天下事如果只是不知道，那还有希望，如果知道怎么办却不做，就彻底无望了。知道却无法实行还有希望，行动了却不能尽全力、不能最终坚持的人最没希望。所以我们有亿万个聪明却软弱的人，倒不如有一两个真诚、朴实、沉毅之人。现在天下志士很多，但大多数都属于前一类人，所以我特别为国家的未来担忧。可悲啊！一国之中朝野上下，全是想要偷闲娱乐的人，没有人考虑未来，少年都弱不禁风，面带老气，国家政策没有能维持三年的，也没有比较成规模的团体。呜呼！国家如果像这样，哪能不亡国呢？亡国之日不远了！

我并不责备守旧的人，我也不责备伪维新的人，我想严肃地告诉我们这些真正有志向改变国家的人：大家不要仗恃自己的一腔豪气，也不要光发高谈阔论，以为我知道道理、我提倡这些道理就足够了。西方哲学家说："知道责任是大丈夫的开始，而履行责任才是大丈夫的最终目的。"我们这些人不仅要认定我们的责任，更要终身为这个责任而奋斗。我们认定责任的那一天，我们就不再属于自己，而是属于我们的国家，今后不能不勤勉不倦地工作。然而天下大事都是有顺有逆，我们也一样！应该知道天下不存在一帆风顺的事，如果你害怕遇到困难，那你不如不做，干脆放弃责任与平民百姓为伍。如果不愿意这样，那么今后遇到的种种烦恼和困难，就当作磨炼心智、锻炼能力的机会吧，那么事事处处都可以供我学习了。我有什么好埋怨的？有什么好怕的？我的愿望没有尽头，学习没有尽头，知识没有尽头，行动没有尽头。《论语》中说："望其圹，睾如也，宰如也……君子息焉，小人伏焉。"毅力达到了，圣贤境界也就达到了。

# 第十六节　论义务思想

　　权利和义务都是对等的，人人生而有权利，人人生而有义务。在野蛮的年代，有权利的人没义务，有义务的人没权利，这是不公平的。不公平就不可以长久，所以世界渐渐文明，就不会出现无权利的义务以及无义务的权利。只有取消无权利的义务，人们才能够努力工作无所惧怕，只有取消了无义务的权利，那么自安闲适的人也就不必高兴。

　　那些不公平的权利和义务不会久存，为什么呢？这是物竞天择的道理决定的。权利为什么会出现？因为胜利而被上天选择。胜利从何而来？因为竞争而变得优秀。优胜是什么意思？就是说他所尽义务的分量要比常人多。有人提出异议说：世界优胜劣汰的进化不是光当今世界才有。你前面所说的有权利无义务、有义务无权利的人，不也是优胜劣汰的结果吗？那些还没对人民尽什么义务，却拥有优胜的资格、可以藐视一切的人，历史上比比皆是，而你现在以尽义务作为优胜的原因，不是很迂腐吗？我回答说：不是这样的。凡是天下公平、不公平的权利，在他最初得到的时候，一定是因为他尽了特别的义务，所以得到了这样的补偿。就像世袭的君权，现在感觉是不公平的，但最初是什么情况呢？人民当初结成群体，散漫无力，这个时候，出现一个身体强壮，能够为群众抵挡住猛兽的人，能够与敌人作战保护百姓的人，人们才选他做君主。又或者当时纪律混乱，没法统一，这个时候他能够用自己的智慧建立起法度、制度，调和矛盾，人们才把他当君主。又或者前朝纲纪混乱，局势动荡，一个人能通过自己的力量使社会安定，人民安居乐业，那么人们才把他当君主。像这样都是对一个群体的人尽了义务，付出比常人多的东西。所以追本溯源，不能说不公平。不公平，是针对后世承袭的人而言的。（篡国弑君的人虽然使朝代改姓，但还是凭借着前代的权威，所以跟世袭是相似的。至于外族入侵夺国，下文进行论述。）他凭借着自己得到的权利却加以滥用，反抗了自然的规律，使竞争不能在正常的秩序下进行，然后一切权利和义务都变得不公平了。所以专制政体的国家，一定要束缚住民众的心思才能把自己建立在至高无上的地位。像中国的科举取士，以资格做官，都是这一类，如果不这样的话，那么不公平的权利就无法保存了。虽然这样，自然的规律是不能长久抵抗的，就像水流即使有堤坝拦住，它也不会停止不前，或者改道别的地方，或者就干脆把堤坝冲毁，这是因为水原本就是要流到大海的。所以权利和义务两者平衡，是天然的规律。当今欧美等国不公平的权利或者义务几乎绝迹了，那么我国违背自然规律会长久吗？我说：从今以后，只要尽了自己的义务就不用担心没有权利，如果不尽义务就不要希望能够得到权利。

（附记：有人说权利最初出现都是因为义务之说，如果拿君权来说，像外族侵略我国，就能长久地享有无义务的权利，这说明什么呢？我回答他说：这有两种解释。第一，仍然是因为承袭。继承几千年来不公平的君权的权威，我能够篡得君权，就可以承袭君权的余威。第二，是国民的义务思想太浅薄了，所以外人可以乘虚而入。朝纲紊乱时，把政治稳定下来，纠正不正确的政策，这本来是国民的义务。国家内乱，国民有义务平定内乱。但事实上这些事情国民都没有做到，就是放弃了自己的义务。既然放弃了义务，也就不再享有相对应的权利，这就是自然的规律。外族人乘虚而入取代了我们的位置并稳定自己的地位，虽然不是为我们尽义务，然而与我们国民相比，还是比我们做得更多。那些能够入主中原并统治较长时间的外族人都是这样的，他们虽然并不公正，但我们只能怨自己，怎么能怨别人呢？）

悲哀啊，我们国家国民的义务思想太薄弱了。我曾经写过《论权利思想》切中要害，我知道听到这个的人一定很高兴，就叫嚣着："我要争权利！"虽然这样，我所谓的权利思想，就是深深愤恨几千年来我国有人所拥有的那种无义务的权利思想，所以想要反抗它。而误解我的人现在又想寻求无义务的权利，如果一个国家的人民都寻求无义务的权利，那跟磨砖求镜、炊沙求饭有什么区别呢？我现在想说权利和义务相对应的道理。父母在孩子幼年有抚养的义务，所以他们在晚年有可以享受子女赡养的权利。丈夫有保护妻子的义务，所以才有妻子服从于我的权利；用人对主人有尽心劳动的义务，所以有要求支付薪水的权利，这是最浅显的道理了。作为孩子能够自己尽做人的义务，不需要让父母代劳，然后就可以要求父母给自己自由的权利，这就是其中的道理。然而这不过是个人对个人的关系而言。至于人的群体，人们之所以希望在群体之中，就是因为我可以借助群体获得种种权利，然而群体若散漫就不能自立，所以必须遵循经济学原理进行社会分工。如果群体中有匮乏、有困难，我就要去做，但是荣华富贵，我只能享有自己得到的那份，那就是无权利的义务。群体中的人中有一个人游手好闲，群体就少一分力量，要是群体的人都是如此，那这个群体就会灭亡。所以群体中那些劳动的人分取那些不劳动者的权利，也不是没有道理。为什么？这是债主对于借债人的手段。享用群体生产的财富，而却不通过自己的劳动进行补偿，那么你还能享有群体的权利吗？所以说天下没有无义务的权利。

我说中国人没有义务的思想，现在举几个例子。政治学家说国民有两个主要义务：纳税的义务和服役的义务。国家没有属于自己的产业，如果人民不纳税，政府的费用从何而来？把一个地区叫作一个国家，那就是相对别国而言的，如果人民不服兵役，那么怎么保证国家安全？但我国国民最怕的就是这两件事，如果能够躲过这两件事，就觉得是走大运了。从前歌颂君主的德行，都以减免赋税作为第一大功德，就像宋代把征兵改为佣兵，本朝康熙年间宣布永不加赋税，都是人民最感恩戴德的事情了。但他们怎么知道由于佣兵，爱国之心就不会存在。由于永不加赋税，想要在民事上有新的作为，就没有钱供支配，那么善举也就不得不作罢。西方各个国家都不是这样的。凡是成年人都要服两三年的兵役，租税的名目很多，每年缴纳的税额也是我们国家的四五倍，人民都没什么怨恨。难道他们就不珍惜自己的血汗吗？想想原因，是因为他们认为那是自己的义务，知道履行了义务就能够享有相应的权利。匈牙利被奥匈政府压制，最后奥法交战，奥地利不得不借助于匈牙利的兵力，于是匈牙利也逐渐恢复了自治宪法（1860年）。西方人有一句话说："不出议员代表，就不纳税。"英国的《大宪章》的权利法典，都以缴纳租税作为要求。法国大革命也是因为违反这个公例而爆发的。所以欧洲国家人民对于国家的义务可以承受，必定要要求相应的权利。中国人对国家的权利不太关注，而他们只想逃避义务，就像顽童说我不求父母养我，只求父母不要让我干活。没有父母的养育，就无法存活，既然养育了子女就不得不让他们劳动。只有这样的养育劳动，父母和孩子之间才能更亲密。所以权利、义务两种思想，是爱国心的源泉。

人就算再笨，也不会不愿意接受父母的养育，顽童之所以想要放弃这个权利，是因为怕劳动。现在有些人认为中国人的毛病在于没有权利思想。但我以为，没有权利思想是恶果，而没有义务思想才是原因。我国国民与国家之间的关系渐渐疏远，对国家的生死存亡已经漠不关心了，都是因为这个。

现在我们如果不先培养义务思想，即使有权利思想也是不完全的。这就像是顽童不想干活却又希望父母养育一样，像懒惰的用人不干活还想受主人恩惠一样。我看现在谈论权利的人就像这样，羡慕别人有自由民权，却不知道权利从何而来。别人是通过血泪换来的东西，我们却想通过说几句话就实现。别国不论大小、贵贱、贫富都有自己相应的义务，而回看我们国家，像官吏的义务、君子的义务、农工商业者的义务、军人的义务、保守党的义务、维新党的义务、温和派的义务、激进派的义务、青年的义务、少年的义务、妇女的义务等，有一个人过问过吗？审看自己的地位和才能，能够不惭愧地说自己已经完全尽到义务了吗？没有这样的人。七个孩子的母亲，最后没有一个人去赡养她，说她没有孩子也是可以的。一个国家虽然有四亿人口，却没有人履行义务，也可以说这个国家没有国民。

我们中国的先贤圣人，就是西方所说的义务教育者。孝、悌、忠、节，有哪个不是以义务来要求的？那么比较而言，中国人义务思想的发达，比权利思想要发达许多。但这也是不完全的义务思想。无权利的义务，就像做没有报酬的

劳动，这是第一种意义上的不完全。有私人对私人的义务，
而没有个人对团体的义务，这是第二种意义上的不完全。我
现在论述的是公众义务。

# 第十七节　论尚武

　　世人有一句名言："野蛮人崇尚武力，文明人崇尚智慧。"呜呼！这是迂腐死板、不懂得根据情势而变通的言论啊。罗马文化丰富灿烂，曾经统治了欧洲的一大半土地，但一遇到日耳曼民族的野蛮武力，就突然一蹶不振，帝国最后都归于灭亡。以当时罗马人的智慧程度，岂不是比日耳曼民族要高出许多吗？但是柔弱的文明最终抵挡不了野蛮的武力。那么崇尚武力是国家的元气，一个国家有赖于武力才能够建立起来，它也是文明得以维持的保障。俾斯麦曾经说过："打天下可以依靠的东西不是法律，而是铁和血。"只有法律是不足以依靠的，建立国家如果没有尚武的国民、铁血的政策，即使有发达的文明和智慧，即使有广阔的土地和很多民众，也无法在竞争激烈的世界舞台上立足。

　　我们可以参考一下斯巴达的情况。斯巴达的教育就是严格的军事化的教育。婴儿在出生之后，必须由官员检查身体的健康程度，如果不合格，当即就会被杀死。孩子长到七岁，就可以加入幼年军队，教他们体育，训练时赤脚裸体，衣食的标准都很低，以养成他们忍饥挨饿、吃苦耐劳的习惯，他们的生活和教育全都由国家专门的部门负责。等他们成年结婚之后，也不允许自己待在家里，白天他们共同在食堂里就餐，晚上一起睡在营帐中。甚至女人也要和男人一样接受严酷的训练，即使老妇或者少女也有一种彪悍勇敢的气质。母亲送孩子参军都要命令他们："希望你背着盾牌回来，否则就让盾牌背你回来。"全国的男女老少，没有不好胜轻视死亡的，这已经成为他们的习惯，等他们对敌作战的时候，就像平日里练习体操一样冒死牺牲，从来不知道有害怕退却这件事。斯巴达国土很小，全国的人口也大概不到一万人，但他们对外能够牵制几十万的外族军队，挫伤他们十几万的部队，雄霸希腊，唯一的原因就是崇尚武力。再看一下德意志的情况。十九世纪中叶，日耳曼民族被分裂成很多个小国，国力萎靡不振，受到拿破仑的蹂躏，日耳曼民族不堪拿破仑的屈辱，于是改革军制，首创了全民皆兵的制度。国民只要年满二十岁，就必须加入军队，所以全国的人民都受到了军人的教育，具有从军资格。俾斯麦又宣扬铁血政策和民族主义，每天都训练国民的国民性，去除他们散漫颓废的习气，养成英勇不屈的精神。然后由君主带领他们起兵反抗，以英勇的雄姿开拓了他们的民族帝国，君主对于教育的指示就是："必须训练全国的少年，使他们成为辅佐我称霸世界的帮手。"所以他们的国民都奋发图强，勇敢无畏，德意志就成为世界上唯一的武力国家。德意志是新建立的帝国，只有三十年的历史，却能够摧毁奥匈帝国，征服法国，在欧洲傲视群雄，就是因为崇尚武力。再看俄国的例子，俄国地处北部极为寒冷的地区，拥有广阔的平原，以农业立国，习惯于辛苦劳作，所以他们的人民都坚毅彪悍，富有野蛮的力量，能够忍耐艰苦，生活简朴，已经成为一种风气，而俄国的国民又全体一致服从命令，性情最适合军队。先前沙皇彼得大帝的遗训就是以侵略作为国家的宗旨，这种思想已经深入到国民内心，所以俄国国民人人都有踏遍全球、蹂躏欧亚的雄心壮志。他们蛮力顽强、性情坚忍，即使有大敌当前，也不会收起他们的锋芒。俄罗斯是半开放的国家，文明的程度不如欧美国家的一半，所以东侵西略，非常让欧洲人害怕。有人说斯拉夫民族之所以势力越来越大，是因为他们夺取了条顿人的统治权，成为世界的主人公。那么为什么会这样呢？因为他们崇尚武力。而且不单是欧洲国家如此，我国的东邻日本，人数只相当于我们的十分之一，但他们也轻视死亡，十分剽悍，把民族的武士道精神和大和民族精神发扬光大。所以最初征兵的时候，还有人想要逃避征兵入伍，而现在则打仗希望战死，从军就没打算生还，这样的尚武之风，全国一致。庚子战役，因为日军的战斗力很强，部队精锐，成为八国联军中最强的，令欧洲白人佩服。

日本近年来非常重视发展体育事业，希望能使国民具备军人的本领和军人的精神。日本国土只有三个小岛，也是近三十年才发展较快，然而却能战胜我国，确立自己的国威和霸权，屹立于东洋之上，也是因为尚武。至于德兰士瓦（原南非东北部省份——译者注），没有成功独立，可以说是失败了。当初他们密谋独立的时候，已经开始积蓄武力，儿童在学校的时候会给他们猎枪，让他们练习射杀森林里的飞鸟，到了学校会按照他们射杀的数量进行赏罚，希望能够以此培养将来上战场的战士来保家卫国。于是战争开始的时候，部队精锐战斗力很强，势无可挡的样子，甚至是少女、妇人，也都改变了装束投入战斗。德兰士瓦原本只是弹丸之地，还不到英国的一个县，最多也就几万人，但现在却能抵抗世界上最强大的英国，英国人花费了百万巨资，动用了三十万精兵，经过长达几年的战斗，最后才把他们制服。为什么这么难呢？因为德兰士瓦尚武。上述几个国家，文化程度深浅不一，民众数量也多少不一，国土有大有小，但他们能够驰骋天下，在世界上立足，无一不是靠尚武的精神。世界之大，国家之众多，盛衰全靠这个精神。

悲哀啊，我们中华民族不尚武！中华民族在两千年前就已经开化，但是出去与外族打仗，无一不是受挫败北，受尽外族凌辱，这实在是中国历史上的一大污点，是中国民族几百代的耻辱。从周代以来遭遇戎祸，后来又有猃狁，再后来又有犬戎来侵犯我们。秦汉以来，凶悍的匈奴成为最大的外患，秦始皇英勇，把匈奴阻隔在长城之外，汉武帝把匈奴围困在白登之间。汉武帝是有雄才大略之人，不断对外用兵，卫青、霍去病等大将几次出塞，平定南粤，威震西域，但是始终不能彻底摧毁匈奴民族，抓住他们的单于，于是匈奴的外患与汉代历史相始终。魏晋时期五胡乱华，外族在我们中原的土地上横行霸道，国家动荡，处在腥风血雨之中，匈奴、鲜卑、羌、氐、羯等民族相继入主中原，在黄河以北统治了二百五十多年。唐代平定了乱世，军队士气强盛，李靖在阴山打败了突厥，于是俘获颉利，这是汉族对外族作战的一大壮举。然后多次出征高丽，可最后都没有成功，而且突厥、契丹、吐蕃、回纥等外族又在国家的西北成为边患，最终导致了唐代的灭亡。五代时期，石晋把燕云十六州割让给契丹，沦为外族数十年，而且对外族称臣，俯首听命，汉族的命运就牢牢地掌握在外族手中。宋代刚立国的时候，辽国成为边患，到了徽宗、钦宗时期，又出现了女真族。那时候宋代谋士和武将都很多，比如韩世忠、岳飞、张俊、吴玠等人，但这些人拼尽全力也没能制服金兀术。金代衰落后又出现了蒙古，于是宋代被取代。我们中华泱泱大国，频频受到外族侵扰，并对外族俯首听命，就这样持续了一百年。明朝之后，势力更加衰弱，先是皇帝被俘，后来遇到满族而亡国。呜呼！从秦朝到现在，已经两千多年了，但是我们炎黄子孙在外族的统治下已经三百多年了，北方的那些人，屈服于外族已经七百多年。每年还依然会出现边患，没有安定的时候，可是都不能真正给外族一个沉痛的打击，消灭他们的企图和威风。呜呼！我们中华民族是有伟大智慧和开明文化的，为什么外族还敢来侵扰我们？为什么我们被外族统治的时候不敢奋起反抗呢？难道不是因为我们武力脆弱，人民软弱吗？一有什么意外发生就被强力所制服。那些跳梁小丑我们还无法抵抗，何况现在在压迫我们的那些白人呢？他们有现代文明的武器，受过完备的训练，施行帝国主义和民主主义的运动，军队战斗力那么强，绝不是匈奴这些外族可以比拟的，难怪我们对白人只能一败再败，最后无处立足。中国是以文弱闻名天下的，我们骨子里有柔弱怯懦的毛病，甚至那些强悍成性的少数民族也会被我们同化，染上我们的软弱，失去坚强剽悍的本性。呜呼！强悍的人不是一天练成的，软弱也如此，冰冻三尺非一日之寒。我认为我们民族之所以软弱的原因，大概有四个：

一，因为国家的统一。人本来是一种欲望强烈、好胜心强的动物。衣物饮食、货物土地都是人们生活所必需的东西，也是人人欲望的对象。每人都有此欲望，就希望能够多获得，所以在与其他人相处的时候，就希望扩大自己的权利，即使侵犯了别人也不改贪得无厌的本性。国家之间的竞争也与此相似，想要扩张权利，侵犯别人。然而别国也同样有扩张的欲望，所以一定会竭力抗争，拼尽全力进行自卫，只要有一点点退让或者迟疑，战争就会失败而无处立足。所以世界上存在那么多国家，最重要的就是国防。人民和士兵以力量和武功进行战斗，想要保有自己的权利，即使是做出巨大的牺牲也在所不惜。当时的人们都有一种豪侠之气，都身怀武功，受到别人侵犯就一定要挺身与之做斗争。离我们较远的有战国，较近的有现代的欧洲，都是我们身边的例子。如果国家统一，那么人们的欲望供养就得到保证，也就不再进行斗争，生活可以高枕无忧，曾经人们的勇气和武功就不再有用，于是心思放松、勇气渐衰、筋骨不强。战国时期崇尚武力，统一以后就尊崇文官，这是事情自然发展的状况。中国从秦开始实现大一统已经很久了，期间虽然有南北分割的情况，也只不过是两三百年而已，最后又归于统一。中国地大物博、物产富饶，所以即使外族环绕在国家周围，但他们所侵犯的土地也不过几个郡县，实在不足以影响整个国家，于是国家也就不屑于与外族争抢。有时候只是稍作牵制，不让外族进犯骚扰而已，从来没有尽全力与外族争夺过。国家太平，社会稳定，所以人们都爱好诗词歌赋，平时行为有礼有节，以文雅作为风尚。即使有一些勇武之士，也只是闲散在家无用武之地，上流社会还会因为武人的粗鲁莽撞的行事而排斥他。重文轻武已经成为习气，所以军队就逐渐颓丧、士气低落，形成两千年来陈腐的风气，人民也同样软弱无力，气息奄奄，像女人一样柔弱温和。呜呼！天下人谁不厌恶战争，希望和平？但谁又知道长时间的和平使我们民族逐渐衰弱，达到现在这样的程度呢？

二，儒教的流失。宗教家的学说都比较倾向于世界主义。他们原本怀着一颗仁慈的热心，阐发高尚的哲理，所以他们所说的话都是企求世界人民的共同幸福的。所以西方宗教宣扬天国和平，宣扬待人如己；印度宗教宣扬一切众生平等，以黄金世界作为最终的归属。儒教更多地接近现实世界，所以孔子作《春秋》，目的是希望诸夏夷狄各民族都能够和平相处、共建太平。《礼运》讲了很多圣明道理，"不独亲其亲，不独子其子"，希望能够达到天下大同的境界，破除国家的界限，以仁爱作为最终旨归。这些都是在理论上希望达到至善的境界，但在现实世界中却是不能实行的理想。然而信奉耶稣的人，都有坚强好战的风气；信奉佛教的人，都轻视生死，只有我们儒教的中国，是一副胆怯懦弱的性格，这是为什么呢？《中庸》说过："宽柔以教，不报无道。"《孝经》说过："身体发肤，不敢毁伤。"所以儒教在战国的时候就已经有人讽刺其儒懦、儒缓。但是孔子并不是用儒家学说教人儒缓。见义不为，谓之无勇；战阵无勇，谓之非孝。这些不都是以刚强的精神激发人民的气节吗？后代的贱儒只想着保全自身，就以那些悲悯和矫枉过正的言论作为借口，不效仿孔子的刚强而效法其柔和的一面，暗地里还偷取了一些老庄的阴柔学说，篡改了孔子学说的主要宗旨，把错的东西当成对的来实践，把冒险、狭义、勇武都当作不好的事情，把"忍"作为对自己的最高要求，即使受到别人的欺负、外族的凌辱，剥夺他的权利、侮辱他的国家，甚至掠夺他们的财产，侮辱他们的妻子、儿女，他们竟然还能够俯首帖耳，忍受连奴隶都不能忍受的耻辱，也都不敢对外族怒目而视、奋起一搏。呜呼！受到侵犯也不跟别人计较，这是曾经贤德之人的美德，但是我们现在生活在处处都是竞争的弱肉强食的世界，拿这种处世之道对待那些剽悍侵略之人，这就像是引狼入室，刀已经架在自己脖子上了，还与敌人高谈道德仁义，这不仅不能让自己活下来，反而更增加了自己的耻辱。从前贤德的人所标举的处事方式，导致了现在柔弱没有骨气的民族，他们受尽侵略侮辱不知道反抗，这些难道是曾经的贤德之人所能预料的吗？

三，称霸者摧毁豪气。称霸者获得天下，最初稳定之时，都是以减少武力宣扬文教作为自己的主要工作。他们振兴文教，确实是国家的当务之急，于是必须先把那些武将稳定下来，这真的是因为"马上得天下，不能马上治之"的道理吗？然后就要减少军队、施行礼乐、文致太平，这真的是为了维护国家的形象吗？称霸者雄霸天下的基本上都是在草原沼泽中摸爬滚打过来的，每天与战马相伴这样才能练就强悍的武力夺取天下。他知道可以用武力去征服天下，我可以用武力征服别人，那别人也可以用武力征服我，如果每天不实际训练，只是纸上谈兵，即使那些勇武的人也不能担负起打仗的任务。他的宝座之下，如果还有骁勇善战的将士，卧榻之侧有他人鼾睡，那对于统治者就是一大威胁，而江湖上如果有游侠任气之风，人们都桀骜不驯、身怀武功，对于天下都有自己的一番看法，都喜欢比试武功，那么对于统治者则是一个更大的危险。既然存在这样的危险，那就不得不采取措施解决这些问题，办法有两种：第一种叫作"锄"，天下只能有一人刚烈，而万民都很柔弱，这样统治者才能称霸天下。如果有其他刚强勇敢之士，就一定要赶尽杀绝，即使这些人是曾经辅佐他登上皇位的，也一定不能让他们的势力存在，以免后患。如果民间有一些豪侠之士，就一定要通过施加严刑酷法进行诛杀。秦始皇、汉景帝、汉高祖、明太祖这些皇帝都对曾经的功臣武将采取这样的措施，都是斩草除根。然而杀了这些人会引起民愤，后世也会有人进行反抗，所以就采取了另一个计策："柔"。通过诗词歌赋、书法词章、政策律令等多种方法使他们遵守规矩，柔化他们的筋骨、材力，然后柔化他们的言论，最后把这种思想灌输进他们的头脑，使他们失去反抗性。天下人士即使有一些骁勇之人，也会被这种种措施弄得神经疲敝、患得患失，整天沉浸在歌咏之中，不再有力气和精神进行武力竞争。统治者就不用一兵一卒就把天下的英雄尽收囊中，他们不再有当年的豪气。一个称霸者出现，用这种方式摧毁士人们的豪气，其他的称霸者也都使用这种方式，最后，经过几个朝代，人们就会士气低落，低迷颓废，这就是称霸者的手段。呜呼！他们怎么会料到这种弊端会招来勇猛的外族的入侵呢？

四，风俗的濡染。世界上能够改变人的力量，最大的莫过于习惯。秦朝统一天下，女子也知道同仇敌忾。斯巴达尚武，女人也能够轻视死亡。那么秦朝和斯巴达的人民，他们是生来就人人有这样的优良本性吗？这是因为风气的熏陶，逐渐染上的习气，时间久了、日积月累就变成了人的第二天性。我们中国有轻视武力的习气，也是日积月累导致的。古人有一句谚语："好铁不打钉，好男不当兵。"所以人们提到"军人"一词，简直就是泼皮无赖的代名词。那些号称武士的人，在别人看来就是为人所不齿的卑贱之人。东西方国家对待军人都特别地尊重，要对他们礼遇。一人入伍，全家光荣，乡里乡亲也觉得荣耀，宗族和亲友们更是自豪，从军成为人生第一光荣的事情。正是因为人们如此重视这件事，所以全国人民的关注点全都集中在这上面。一切文学、诗歌、戏剧、小说、音乐，没有不激昂澎湃的，旨在激发人民的勇气，把这种勇气培养为国家的灵魂。只有我们中国轻视这件事情，全国上下对此不加关注。学者的议论、文学家的作品都讽刺那些尚武喜功的人，告诫人们不要有扩大疆土的想法。那些所谓的名篇佳作，都是描写战争的残酷和艰苦，吟咏战争流血的惨状，让阅读的人垂头丧气、神情沮丧；至于那些小说、戏剧，写的都是才子佳人的缠绵柔情；管弦音乐，演奏的都是那些柔荡绮靡寄托故国哀思的作品。整个社会，目之所见、耳之所闻的东西都在消磨人的意志，摧毁人的雄心。这种不好的风潮弥漫整个社会，没有人不受到影响，就好像是传染病，即使曾经有雄心壮志的有志青年，也在日日夜夜的消磨中丢却心智，几年之后就像老人或者妇女一样失去了阳刚之气。呜呼！社会风俗是铸造国民的炉火，但谁见过腐败颓废的社会风俗能够铸造出沉毅勇敢的国民呢？

以上几种不好的原因，都是千年以前种下的种子，现在结成了一大恶果。人之所以能够生存，国家之所以能够存在，都是借助于自主权的。想要保存自主权，就一定要有自卫的能力做后盾。别人骂我，我就以牙还牙，别人欺负我，我就用自己的力量去反抗，只有这样才能在周围列强虎视眈眈的激烈竞争的世界上自立起来。然而以牙还牙进行反抗，必然也要依据国际公共法律的支持，必然要有强有力的武力，才能实现自卫的权利。我国被称为"东亚病夫"，手脚瘫痪，已经失去了防卫的机能，东西方列强都已经磨刀霍霍，准备侵略我们了。如果我们不赶快拔除民族文弱的劣根性，奋起斗争一雪前耻，那么我们中国人还能在二十世纪的竞争中占有一席之地吗？我听说我们国家进行军事建设，已经几十年了，其间购买军舰训练军队，建立工厂制作武器，勤勤恳恳历时很久，但为什么不堪一击很快就毁灭了呢？他们所说的武，只是一种形式，而我所说的武，实际上是内在的精神。如果没有精神只有形式，那就无异于披着狼皮的羊，要是遇到真正的猛兽，只能原形毕露任人宰割。那么我们想要培养尚武的精神，就必须具备三个要素。

一，心力。西方学者说："女子本来是很柔弱的，但一旦做了母亲，就会变得很强大。"那么柔弱的女人为什么会突然变强？那是因为她的所有精神和感情，都集中在自己孩子身上。孩子遇到危险，就一定会挺身而出。即使是那些艰难恐怖的境地，男子都要害怕退缩，她却能够勇往直前，完全不像曾经的柔弱之态。因为在她心中、眼中，只在乎自己的孩子，却不在乎自己怎么样，又怎么可能在乎处境艰险呢？如果心力涣散，勇敢者也会害怕，心力专注，柔弱者也会变强大。所以那些报仇雪恨、改革社会、谋划大事想要成功的，想计策、求鬼神都是没有用的，唯一依靠的就是他们强大的内心。张良一个文弱书生竟然去刺杀秦始皇，而申包胥自己漂泊不定却保存了楚国，这都是因为受到了内心的驱使而行动的。越国亡吴国、楚国亡秦国，希腊打败波斯王的大军，荷兰击退西班牙的战舰，这些都是受强大的心力驱使而做成的。呜呼！如果处境不够艰难紧急，人心就不会奋起，也就不会用力反击。曾国藩论述用兵之道："官军追捕罪犯，到处都是生路，只是不能一味向前追击。而罪犯抗击官军，到处都是死路，只有一味向前才能求得生路：官军之所以不能制服贼人就是因为这个。"现在外国列强侵略我们，他们战争的包围圈越来越窄，局势日益紧急，更不惜以百万雄师包围我们的军队，那么我们现在的生路只有一条，那就是突出重围，奋勇向前。后有猛虎，懦夫也能跳下山涧；房屋失火，柔弱的女子也能跳上房檐。我希望我们的同胞们能够鼓起勇气，不要奄奄一息坐以待毙了。

二，胆力。世界上到处都是危险的地方，对于那些有胆量的人来说却没有危险的地方。世界上到处都是可怕的道

226

路，对于有胆力的人来说却没有可怕的道路。难不成是上天把这些困难危险都消除了，以私心对待那些人吗？世界上一切的境遇，都是由我们的心态决定的。面对我们以为困难、害怕的东西，先在士气上软弱下来，所以外在的处境才会趁我们虚弱胆怯之时打击我们。如果我们勇敢无比，士气充足，那就可以置之死地而后生，无往而不利了。项羽破釜沉舟来攻打秦国，韩信背水一战才能打败楚军，他们在兵力上都是敌强我弱，难道都没有面临危险吗？不是的，但他们能够鼓起勇气，敢于斗争，最后才取得成功。纳尔逊说："我不知道害怕是什么东西。"难道他在人生道路上真的没有遇到过危险的事情吗？不是的，是因为他勇敢才取得成功。自古英雄豪杰，创立万世奇功，建立国家伟业，哪一个不是冒着巨大的风险，经历巨大的磨难，最终靠自己的勇气成就的呢？胆量，是从自信心生发出来的。孟子说："自反而不缩，虽褐宽博，吾不惴焉；自反而缩，虽千万人，吾往矣。"国家的兴亡也是如此。不要相信别人，而要相信自己，国民如果相信自己能够兴盛，那么国家就会兴盛，国民如果相信自己将要灭亡，那么国家必定灭亡。以前英国将军威士勒曾说："中国人有能力称霸全世界。"我有这种能力却不自信，不能鼓起勇气。那么就算以这种能力与其他列强进行竞争，我也只会日日担心列强的侵略干涉，不思进取，担惊受怕。那些勇猛狞厉的外国列强，难道会因为我们的害怕而放弃侵略我们吗？呜呼！害怕就会招致别人的侮辱，害怕战斗就一定会招来祸患，怕死的人最后一定被人打死，那么我们害怕又有什么用呢？孟子说："未闻以千里畏人。"我希望我的同胞们能够鼓起勇气，不要畏首畏尾了。

三，体力。体魄是与精神密切相关的东西，先有健康的体魄，才能有坚韧不屈的精神。所以古代的伟人，那些能够负担伟大的任务，开辟世界的人，一定是能够忍耐非常人所能忍受的艰苦。陶侃能够忍受辛劳，日夜不停地运输瓦瓮。史可法做督师，七天七夜没合眼。拿破仑统率军队的时候，每天只睡四个小时。格兰斯顿在老年的时候还能步行几百里。俾斯麦这个人有两百多磅重，身体强健，所以能够顶风冒雨忍受寒暑，而他也是靠这个身体才能支撑自己的日夜辛劳。鞑靼民族、斯拉夫民族，都是靠着自己强健的体魄和力量，才能钳制住其他民族。德国皇帝威廉二世视察小学说："凡是我德国的人民都应该重视体育运动。要是不注意体育锻炼，男子就无法服兵役，女子无法孕育出体魄强健的孩子。我们种族的身体素质不好，国家还能依赖什么呢？"所以欧洲各个国家，都很重视体育锻炼，除了体操之外，凡是击剑、骑马、足球、决斗、射箭、击枪、游泳、划船等项目，全都鼓励发展，目的就是使全国的国民都能够参军。从前只有一个斯巴达国，现在看来欧洲全都变成了斯巴达国。中国人不讲卫生，结婚太早，以为是传宗接代，但是后代的身体就会很差。等孩子入学以后，每天都伏案学习，在室内不出来，也不锻炼身体，导致眼神昏昏，还没老就已经驼背了。然后又学会了懒惰，不肯自觉进行锻炼，一切衣食全都靠别人伺候，以文弱为美，以羸弱胆怯为高贵。原本朝气蓬勃的少年变得弱不禁风，不如一个女子。等到成年之后，又缠绵于床笫之事消耗了自己的精力，吸食鸦片损害自己的身体，身体就变得特别虚弱而没有血气，奄奄一息地拖着病体。我们四亿民众竟找不到一个健康强壮的体格。呜呼！人民都一副病恹恹的样子，国家怎么可能不疲弱呢？以这样的状态与勇猛健壮的外族打仗，就像是侏儒和巨人打仗一样，别人即使不用一棍一棒，一挥手就能把我们打趴下了。呜呼！生存竞争就是优胜劣汰，我希望我们的同胞能够加强锻炼身体，强身健体，不要奄奄一息像个废人了。

呜呼！当今的世界是所谓的"武装和平"的世界。列强召开会议，总说要停止战争，但他们一边修订媾和修好的条约，一边又在准备扩张军备的议案。那么按照现在强权当道的局势，只有能够打仗的国家才有资格谈和平。所以美国在其他大洲之外独立，不参与他们的世界战争，但近年来也在日益扩充军备，把当初的门罗主义变成了现在的帝国主义。那是因为如果欧洲列强在世界上横行，穿过大西洋到达美洲，那么美国也难保和平，所以必须先在军事上有所准备，强大自身来抵御外来入侵。欧洲各个国家的力量势均力敌，但是扩张的欲望都很强，不能在欧洲内部解决，于是只能执行帝国主义政策在别的大洲建立殖民地。我国物产丰富，地大物博，首当其冲成为他们的目标，于是欧洲各个国家都倾注兵力来到东亚。现在就像很多强盗拿着武器在我们家门口徘徊，如果我们不改掉文弱的习气，鼓足勇气，巩固国防，那么就像是一只小羊在群虎之中，决没有生还的可能了。呜呼！甲午战争以来，我们国家一败再败，形势堪忧，外国人都以为我们民族没有战斗力。然而不是有那句话吗：一个人如果抱着必死的决心，那么就算一万个人都无法抵挡他？当初十九世纪初期，法兰西一国也与全欧洲国家为敌，然而拿破仑率领自己剽悍的国民东征西战，最后取得霸主地位，宣扬了国威。当初四百多万的法国人都能够称霸欧洲，我们的人口比法国人多十倍，怎么就不能战胜列强，何至于现在这般疲弱呢？《诗经》说"天之方懠，无为夸毗"，软弱没有骨气的人，在这个竞争的世界一天都活不下去。我国的国民即使缺少文明的知识，为什么野蛮的武力也同知识一起减少了呢？呜呼可叹啊！

# 第十八节　论私德

　　我从去年起开始写《新民说》，心中有很多想法和理想想要表达出来，列下了目录不下几十条，以公德篇作为书的开始。讨论道德而另立公德进行讨论，不是说私德就可以不进行讨论了。所谓的私德，长久以来已经被人们所理解，并且能够践行。我们国家的先贤圣人，已经在这方面讨论得很充分了，不需要我这样的后生晚辈再费口舌。但是近几年来，全国似乎形势火热，而那些利国利民的事业并没有看到，那些细枝末流却让狡猾的人当作口实，指责宣传新理想的人是毒害天下的。唉！我怎么能对此闭口不言呢？所以现在创作私德篇。

# 一、私德与公德的关系

私德和公德，并不是相对立的名词，而是相互包含的名词。斯宾塞曾说："群体是个人集中起来的结果，所以群体的公德，是由每个个体的道德所决定的。群体被称为拓都，一个人被称为么匿，拓都的性情和制度，是靠么匿来建立起来的。么匿如果没有行为准则，那么拓都也就不会有制度准则。么匿都具备的东西，形成了拓都之后也不会忽然消失。"（按：以上这段话见严几道翻译的《群学肄言》，他说的"拓都"，在东方被翻译成"团体"；"么匿"，在东方被翻译成"个人"。）这句话说得很对！那些所谓的公德，就其本体而言，就是一个团体之内的人群的公共的德行。就构成公德的本体的作用而言，则是个人对于团体中的公共观念所产生的德行。把一群盲人聚起来也不能成就一个离娄，把一群聋子聚起来也不会出现一个师旷，把一群胆小之人聚起来也不会出现一个乌获。所以个人都没有私德的话，那么这些人即使有百千万亿之多，也不会形成团体中的公德。这个道理太明显了。盲人不会因为在一群盲人之中而获得视力，聋人也不会因为身处一群聋人之中而获得听力，胆小的人也不会因为在一群胆小的人中与人作战而变得勇敢。所以我连自己都不相信，还期待我能相信别人？一个人在私下里对别人都不忠心，怎么指望他会对这个群体忠心呢？这个道理也是很明白的。至于当今世界上的学者每天谈论公德，但成效并不显著，也是因为公民的私德方面也有缺点。所以我们想要铸造国民性，就必须以培养个人私德作为第一要义。如果我们想要帮助别人铸造国民性，就需要先培养自己的私德。

公德与私德，是两个界限分明的不同概念吗？德行的产生，是因为人与人之间有交往。（比如《鲁滨孙漂流记》中鲁滨孙一个人在荒岛上生存，那就无所谓什么道德，什么不道德了。）而对于少量人之间的交涉，以及很多人之间的交涉，对于私人之间的交涉，以及公开的交涉，虽然表现的形式可能不同，但本质是一样的。所以无论东西方的道德，说的都是那些有益于公众安全和公众利益的事情；那些不道德的行为，说的都是做有害于公共安全和利益的事情。公私之间只是一种说法，作为人们社会行为的一种区分。就广义上而言，道德其实就是一种东西，无所谓公私之分。如果去细细辨别，私德醇美，而公德不完善的情况可能会出现，但断不会出现私德低下，公德却有可取之处的情况。孟子说："古之人所以大过人者无他焉，善推其所为而已矣。"公德就是私德的推演和推广，知道私德而不了解公德，那么只需要再推广一下就可以。但如果蔑视私德而只强调公德，那么能够推广的东西根本不存在。所以如果人们养成了私德，德育的事情就已经完成大半了。

# 二、私德堕落的原因

私德的堕落在当今的中国已经发展到了极致。之所以出现这种情况，原因很复杂，我不能说得清楚，但我认为主要有以下五大原因：

（一）专制政体的形成。孟德斯鸠曾说：

> 凡是专制的国家，时不时会出现贤明的君主，但是有道德的臣民是很少的。如果回望历史，在专制君主的国家里，那些号称大臣或者近臣的人，大多数都是一些性格卑劣、阴险狡诈的人，这实在是古今东西的相同之处。不仅如此，如果地位高的人多行不义，而地位低的人却能守正不阿，贵族们阴险狡诈，而平民则崇尚廉耻，那么老百姓就会被那些官员欺诈鱼肉得更厉害。所以专制的国家，不论上下贵贱，在与人交往时都很狡诈，是因为被迫而不得不这样。于是专制政体之下，德义就荡然无存了，这件事是很明了的。

根据物竞天择的规律，只有强者才能够生存。我们中华民族在专制政体之下生存了几千年，人民想要改变自己的命运，就必须虚伪狡诈，想要自我保全，就必须卑躬屈膝。社会上最富有的就是这两种性质的人，也就是在社会上占最优胜地位的人。而稍微缺少这两种性质的人，就会失败最后毁灭，家族不能延续。所以这两种性质成为一种先天遗传，成为社会上的公共性，代代相传，日盛一日，最后即使有品性纯良的人，也很难保持自己的品行，大概也是因为这个吧。不仅如此，在专制制度下小心翼翼地生活，那些保全自己满足于恩宠的人自不必说，就是存在一两个热诚的人，想要为天下百姓争取利益，有时候也不得不通过一些诡诈的方法和偏激的行为来达成目的。如果这个人真的是个热诚之人，那么还可以不因此而染上恶习，然而这种方法用多了，也难免会受到影响。如果是一些性情不坚定的人，就一定会随波逐流变成诡诈之人。那些热诚之人，实在是一个国家不可多得的人才。如果这些人身处自由的国度，一定会成为大政治家、大教育家、大慈善家，以自己纯良的德行和温和的方式，为整个社会做贡献。但现在身处专制国家，就不得不迫使他使用一些诡诈的方法，而有很大一部分人就会因此而堕落。唉！这其实并不都是那个人的责任啊。

（二）近代霸权者摧毁道德。人已经受到几千年没有私德的遗传了。而这几千年间，如果道德有小的起伏升降，那其中帝王的主张就起到了最大的作用。西方哲学家说："在专制的国家里，君主是万能的。"这句话说得并不夸张。顾亭林讨论社会风气，说东汉风气最好，宋朝其次，他把良好的社会风气归功于光武帝和宋太祖的仁义。（《日知录》卷十三说：汉代从孝武帝表章六经之后，儒学虽然兴盛，但是已经不明大义了，所以王莽新政，会有很多人献符谄媚。汉光武帝看到这个现象，就积极尊崇节义，敦风化俗，所任用的官员都是明经修身的人，于是社会风俗大变。到了本朝末年，朝政浑浊，党锢之祸横行，社会动荡不安，经历了三代以后，人们再也不以当初的社会风气作为效仿对象了。又说：《宋史》里说士大夫的气节到了五代时期已经几乎消失，宋太祖第一个褒奖韩通、卫融等人，来表示要建立一个风气良好的社会，田锡、王禹偁、范仲淹、欧阳修等贤才能够在朝堂上直言进谏，于是朝中内外在举荐的时候都注重士人的道德，他们都临危不屈，即使到了宋代灭亡之时，他们还充满忠义地回望故国。）于是接着论述说："看历史上衰败的孝平帝变成了东汉，五代变成了宋代，就知道天下没有不可以改变的风俗。"这些话虽然并没有把民德的改变的所有原因都解释清楚，但不能不说他点出了其中重要的一点。我曾经考察三千年以来风俗的差异，三代以前遥远而不可考，春秋的时候还存在先王遗民，从战国经过秦朝再到汉代，风俗改变很多，专制制度逐渐形成，当时的君主奴役百姓的办法也越来越多。战国时期虽然社会黑暗，但社会上还存在任气豪侠之风。到了汉初，君主摧毁豪强之家，朱家、郭解这些人，逐渐被人们所耻笑，所以王莽新政的时候，那些献符谄媚的人遍天下，这都是在高、惠、文、景四代播下的种子。到了东汉时期，根据顾亭林的论述，已经很清楚其中的原因了。到了魏武帝时期拥有冀州，奖励那些不守规矩的人，于是权谋狡诈的人层出不穷。（建安二十六年八月下令，任用那些身负污名，即使不仁不孝但有治国用兵之术的人。）光武帝打下的良好基础，已经每况愈下了，到了五代时期已经到达了极点。一千年来民风民俗都很败坏，也是因为当时的君主对其有鼓动的原因。到了宋代立朝，太祖自身检点，治理天下，运用强力整顿风气。（君臣坐而论道的制度一直到宋代才被废除。当时范质这些人与宋太祖在后周做官，地位在宋太祖之上。等宋朝建立之后，担任宰相。）而宋太祖遵守文德，能够识大体，提倡士人气节。宋代风俗的醇美，即使最大原因不在于君主，也和君主的提倡有关。元代胡人篡国，人民遭受巨大磨难，蒙古人以少数民族的性情对待汉人，所以汉人九十年间过的都是暗无天日的生活。到明代风气才得到好转。但明太祖是一个阴鸷的人，他摧毁人民的浩然正气，并且对官吏都很刻薄，他订立了很多不适用于君子的法律，使士人没法保全自己的名节，用这种严刑酷法管理国家，恶果比西汉时期还要严重。而东林党和复社成员们，宁可舍命也矢志不渝，他们把忠义流传下去的原因另有其他（详细见下节）。到了本朝，顺治、康熙年间首开博学宏词科，把那些前朝大臣依旧留在朝廷里做闲职，这是在侮辱那些两朝大臣。晚明遗留下来的士气，也就渐渐消失。到了雍正、乾隆年间，当权者都通过阴险、跟踪等办法，大兴文字狱，当朝侮辱那些大臣，轻视廉耻。（乾隆六十年中，大学士、尚侍、供奉、诸大员等官员没一个不被罢黜羞辱的。）又大兴《四库全书》等大型类书的修订，排斥道学，贬斥节义。从魏武帝以后，还不曾出现像这样明目张胆地扰乱是非的情况。然而统治者还说自己是借鉴了战国时期商鞅、韩非的学说，人人都可以知道这是假的，这只是假托前秦学术，实际上导致了一代人思想的混乱。呜呼，何意百炼钢，化为绕指柔。几百年前播下的恶果，现在已经大概成熟了。这些不好的德行超过了历史上任何一个时代和地区，这难道是偶然吗！

（三）多次战争的挫败。国家的战乱和民族的品性关系最大。而战争的性质不同，战争的结果也就不同。现在先展示一下它们的类别：

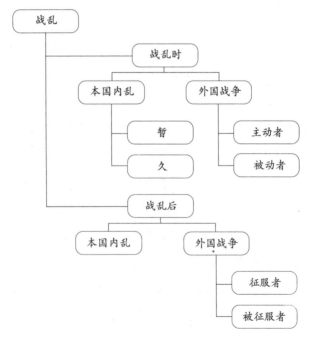

内乱，是最不祥的事情。凡是内乱频繁的国家，它的国民一定没有优美纯洁的品性。当内乱之际，人民就会产生六种邪恶：一是侥幸性。有才智的人，不为社会群体着想，把心思都用在阴险的狡诈之术上，看到机会就为自己谋利。二是残忍性。战乱经历太久，死伤已经司空见惯了，不足以引起他的怜悯之心。三是倾轧性。人与人之间，都想要获得更多，于是容易在交往过程中产生冲突。以上三种，都是狡黠凶悍的人的性质。四是狡伪性。朝避猛虎，夕避长蛇。如果没有多种退路，就不能自我保全。五是凉薄性。自己还不能活命，哪里管得了妻子儿女？最亲的人还没法关爱，怎么关爱陌生人？所以仁爱之心就已经泯灭殆尽了。六是苟且性。当初如果知道是这样的状况，还不如不要活下去。过着朝不保夕的日子，只能苟且偷生。人人自危，就不再做长远的打算了。最后像野蛮人一样，不知道还有将来这回事。这三个，是柔弱的民众的性质。内乱过去之后，人民又会产生两种恶性：一是恐怖性。痛定思痛，就像噩梦一样萦绕不去，勇气已经全然消失。二是浮动性。社会动荡，不能从事谋生的职业，生活也就无所依靠，没有了秩序，一切难以恢复正常。所以内乱是最不祥的事情。例如，法国大革命是有史以来惊天动地的最大的事件。而它的结果是全国人民自相残杀，这件事甚至致使此后几十年的人民都无法正常生活。历史学家波留说法国之所以至今都不能完全实行民主政治，就是因为法国大革命使国家损失了太多的元气，这是真实的啊。

　　内乱的影响，无所谓胜败，为什么呢？胜败都是在本民族之内。所以恢复和平之后，不论是新政府还是旧政府，战乱后民德的发展就看他们如何进行补救了。如果内乱是偶然的、短暂的，那么补救起来还比较容易。但如果是长时间的频繁内乱，影响就太大太难补救了。至于对外战争则不同。如果这个国家是侵略者，那么它所用的就只有军队，自己国家之内还算安定，只需要发扬人民尚武的精神，鼓舞他们自尊自爱的信念。所以西方哲学家说："战争，是国民教育的一个机会，是可喜之事而不是可悲之事。"如果这个国家是被侵略国，那么对这个国家产生的影响就类似于内战的影响。但也可以把侥幸性变成功名心，把残忍性变成敌忾心，把倾轧性变成自觉心，把狡伪性变成谋敌心，把凉薄性变成敢死心，把苟且性变成自保心。为什么呢？如果是内乱，那么在国家内部是无处可逃的，只能寄希望于战乱过后的稳定。但是对外战争则是千钧一发决定生死的事情，如果害怕退缩了，那么局面就无可挽回了。所以有利用国家的外患而变成本国的福音的，虽然可悲但也还是有价值的。对外战争如果是为了征服别人，那么每多战争一次，民众的品性就会高一级。例如德国人经过意大利战争，爱国心就增长了，经过法兰西战争，爱国心进一步增加。日本在对朝鲜的战争和对中国的战争中也是如此。如果是战败而被别人征服，那么国民原本的品性就会突然产生变化，曾经的品性也就消失了。像斯巴达的尚武精神，彪炳史册，然而自从被波斯征服以后，就永远成为外族的附属了。而所谓全民皆兵的情况再也看不到了。波兰在十八世纪前，势力很大，几乎称霸欧洲，为什么一经瓜分之后，就再也不见以前人民的特性了呢？燕赵之地古代多出慷慨悲歌之士，现在从那里经过，全是顺应大清的旗帜。曾经的那些英雄现在都默默无闻了，为什么呢？自从五胡、元魏、安史、契丹、女真、蒙古、满洲以来，经过几百年六七次的被征服，我们原先的豪强之气已经埋没了。在专制政体之下，人们需要卑躬屈膝和虚伪狡诈才能全身进取，更何况现在对我们进行专政的是外族人呢？所以内乱或者被外人征服这两种事情，只要出现其中之一，那么国民的性格就会日趋卑下。中国几千年积累下来的内乱的局面，历史上充满了血腥，经常被外族征服，却从没有征服过别人。种种局面积累下来的民族的恶性，已经充满整个社会。而现在太平天国的内乱刚结束十几年。我们现在面临着列强虎视眈眈的局面，国民失去自己的人性，大概也是有原因的。

（四）经济凋敝的逼迫。管子说："仓廪实而知礼节，衣食足而知荣辱。"孟子说："民无恒产，斯无恒心；既无恒心，放僻邪侈，救死不赡，奚暇礼义！"呜呼！难道不是这样吗！当今世界上，人格最完美的国民，首推英美两国，然后是日耳曼民族。这三个国家，在世界经济方面都是最发达的。西班牙和葡萄牙人，在几百年前还有强武、活泼、沉毅、严整的风气，现在则消失不见了，都是因为他们的经济日益凋敝。国民品行最差的，像泰东的朝鲜人、安南人，都是经济最不发达的国家的人民。俄罗斯政府对其他国家虎视眈眈，威胁别国，但他们的人民却痛恨政府，因为经济上暗无天日。日本人有《露西亚亡国论》，穷形尽相。这都是受到经济低迷的影响。他们的虚无党曾经常年进行游说煽动，但却不能得到人们的同情，最后不得已使用孤注一掷的极端手段，也是因为被经济问题所困扰的。日本的政策几乎和欧美相似，但社会道德却远远比不上欧美，就是因为他们国家经济的进步和政治的进步不一致。不论什么时代，不论哪个国家，都会有几个少数具备坚强意志的人，他的意志既不是专制制度所能束缚的，也不是经济困难所能消磨掉的。虽然这样，却也不能以此来要求普通人。大多数的普通人，一定是在解决温饱之后，如果还有闲暇时间和金钱，才能够爱惜名声、实行慈善。如果脑力有富余，则去从事学术，以此培养高尚的理想。如果每日工作之外还有闲暇，就会为自身之外的群体做打算，以此生发一种团体的精神。如果不是这样，朝不保夕，每天为生计奔波，怎么可能自己忍饥挨饿的时候还担心别人呢？即使有长远的打算，怎么可能放弃现在，只为将来谋划？西方社会学家说，文明人和野蛮人的区别，在于有没有公共思想，在于有没有未来观念。这两点就是差异所在。而经济的发达与否就与此相关。所以那些贪鄙、褊狭、凉薄、虚伪、苟且等恶习，多半都是经济不发达造成的。经济与民德之间的关系就是如此紧密。我国国民几千年来，因为徭役、灾荒、战争而变得特别贫困。现在已经很少见到安居乐业的人了。那些贪鄙、褊狭、凉薄、虚伪、苟且等等恶习也已经持续了几十个世纪，就像是遗传的品性一样。当今世界，国家的财富也没有任何增长。而宫廷土木、官吏薪俸的费用，比政府每年的收入还要高出几倍。国家每人财富的平均数才只有七角一分钱而已（根据日本横山雅男的统计结果，日币为七十钱）。而我们国家的外债已经有十亿两之多（利息在外），导致有有限的物力也无法转化为资本，人民当然民不聊生。更何况全球经济竞争卷土而来，现在我们才去发展经济还来得及吗？民德腐败堕落。呜呼！我不知道未来将会发展成什么样子。

（五）学术无力救国。前面四项，都是养成国民大部分恶德的原因。但自古以来移风易俗，虽然目的在于改变大部分人，而开始行动则在于少数人。如果在大的方面缺失，而在这方面有所弥补的话，局面也不会凋敝至此。东汉节义的兴盛，皇帝的功劳占十分之三，但儒学的影响占十分之七。唐宋两朝，专制的力度相似，君主的贤德程度也差不多。但是士人风气大不同，就是因为唐代崇尚词章比较轻浮，而宋儒则专攻道学和廉节。魏晋六朝腐败的原因虽然很多，但老庄清谈之风应该占一半责任。明太祖刻薄寡恩达到了极点，但晚明士气空前绝后，都是因为王学的功劳。然而近二百年来，民德衰败有目共睹。康熙以来以博学宏词作为贤德的表现，其他的思想都被贬低，从这以后，就没有人再追随陆王心学了。王船山、黄梨洲、孙逢奇（夏峰）、李颙（二曲）等人抱绝学，却隐居终老，他们之后这种思想的统序就被斩断了。李光地、汤斌以朱学闻名。李光地背信弃义，行为狡诈，汤斌柔媚矫饰，欺骗流俗，还曾否认自己说过骗人的话。这样的人被认为是一代开国的大儒，学习孔子学说，其实是一些末流思想。之后桐城派等人，崇尚琐碎考据的学术，文格都变得狭窄奸猾，人格就更在元代许衡、吴澄之下。所谓《国朝宋学渊源记》到此就走向结束了。乾嘉之后，戴震、段玉裁等人把自己标榜为汉学者，相互夸赞，排斥宋明理学。宋明理学虽然不是无可指摘的，但那些汉学家把宋明理学批得一无是处也是有问题的。那么汉学所学是什么呢？当初乾隆年间，宫廷戏剧中大部分演的都是诲淫海盗的东西，后来被禁止。于是专演一些牛鬼蛇神的东西，既可以供消遣，也不会被禁止。我看本朝二百年来汉学者所学的东西，也和牛鬼蛇神类似。王学比较激昂，是君主最厌恶的学说，转而变成朱学。朱学又严正忠实，也不被君主喜欢，于是就改成了汉学。汉学可以脱离社会生活之外，处理两千年前的文字。即使著述颇丰，但也没有一句批判现实的话。即使辩论了很多，也都不是发自内心的思想，所以最适合用来藏身保全自己。这些有才能的人，因此找到了一个欺世盗名的方法，于是就置名节于不顾。所以宋学的弊端，还有伪善者，而汉学的弊端，则没有人再伪善了。为什么？这些人都是名声很大的前辈，能够明目张胆地做自己的事情，并且因为研究了一些死的学术而受到社会的尊崇。那么他们又何必伪善，勉强自己做关于国家的事情呢？以前王鸣盛（著《尚书后案》《十七史商榷》等书，是汉学家中很有名的）曾经对别人说："我贪赃的恶名，不过存在五十年，而我著书立说的盛名将会存在五百年。"这两句话，就足以代表全部汉学家的用心了。庄子说："哀莫大于心死"。汉学家就是天下的心死者。这种恶人，与八股一样，盘踞在这两百年的学术中心，直到甲午、乙未之后，气势才逐渐减弱。但是现在已经造成这种漠不关心的社会，我们正在品尝他们种下的恶果。

五年来，海外的新思想随着列强的侵略而进入中国。开始只有一两个人倡导，于是千百人呼应。那些倡导新思想的人，也并不一定全盘否定旧学。但因为旧学的简单已经不适合当今世界，所以想要引进新思想进行补充。并且对于道理多方面陈述，就想促进思想自由地发展，让求学的人自由选择。但却没想到这个腐败的社会，并不是能够一下子接受新思想的。于是自由的观点引入，人们不拿这个寻求幸福，而是破坏秩序；平等的学说，人们不用它承担义务，而是蔑视法律；竞争的思想，人们不用它来对抗外敌，而是造成内乱；权利的学说，人们不用它来寻找公益，而是文饰私利；破坏的观点，人们不用它来劝诫，而是毁灭国粹。斯宾塞曾说："衰世即使改弦更张，那么弊端在这里消除，就会在那里生发。人民的性质不改变，祸患就不会消失，而只会转移。"呜呼！我看近年来新学说影响了我国青年，我不得不佩服斯宾塞的经验之谈，这为我国国民增加了无穷的沉痛。新思想所带来的利益，或许仅仅只能抵消它所带来的弊端。《礼记》说："甘受和，白受采。忠信之人，可与学礼。"又说："橘在江南为橘，过江北则为枳。"谁能想到别国最高尚醇美的品德，有利于进步的学说，引进中国之后就被同化而淹没了呢？简要说，魏晋清谈、乾嘉考据都和现在人们说的自由、平等、权利、破坏性质相同。现在受到危害更深的，就是那些以最新最有力的学说，攀附在自己各种各样的坏习惯上，并且以新学说为借口。所以清代二百年来的民德的变迁，在朱学时代还有伪善者，因为他们还知道行恶是可耻的；在汉学时代，连伪善者也不存在了，是因为他们不以行恶为耻，如果现在不及时改正，那么之后的欧学时代，一定会出现把行恶当作光荣的人。现在这个苗头已经在一小部分青年中间萌芽了。到了以行恶为荣的时候，社会的惨状只能以"洪水猛兽"做比喻了。君子想起这个场景，一定会浑身发抖的。

附：中国历代民德升降表

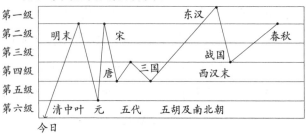

## 附：中国历代民德升降原因表

| 朝代 | 国势 | 君主 | 战争 | 学术 | 经济 | 民德 |
|------|------|------|------|------|------|------|
| 春秋 | 列国并列，贵族专制 | 权力不是很大，影响比较小 | 虽多却不是非常激烈 | 各个宗派虽然萌芽却还没有发展壮大，大多继承先王遗风 | 交通刚刚开始发展，竞争不是很激烈 | 淳朴忠实 |
| 战国 | 列国并立，集权专制渐渐巩固 | 大都以尚武精神、外交手段两者奖励臣下 | 非常激烈 | 自由思想大大发达，儒家、墨家、道家、法家、纵横家等各个学派互相角力，结果法家、纵横家最为掌握实权 | 商业逐渐兴盛，兼并大起，苛捐杂税繁重，病乱民困现象非常严重 | 长处在任侠尚气；短处在于敏捷、巧诈虚伪，破坏国家秩序 |
| 秦 | 中央集权专制力量非常强大 | 以塞民智、挫民气为主 | 继续 | 摒弃诸家学说，只稍微任用法家学说 | 非常穷困 | 卑微低下，人心浮动 |
| 西汉 | 中央集权专制力量非常强大 | 汉高祖刘邦承用秦法，专力打击任侠尚武之风，刻薄寡恩 | 少 | 儒家、道家学说并行 | 文景之治时期家给人足，汉武帝、汉昭帝之后经济稍微困窘 | 比秦朝时更加卑微低下 |
| 东汉 | 中央集权专制力量强大 | 汉光武帝、汉明帝、汉章帝奖励名誉与节操 | 少 | 是儒家学派最为兴盛的时代，儒家学说使国家治理良好效果 | 复苏 | 崇尚气节、礼义廉耻，民风民俗可称为最美 |

247

| 朝代 | 国势 | 君主 | 战争 | 学术 | 经济 | 民德 |
|------|------|------|------|------|------|------|
| 三国 | 本民族分裂 | 魏武帝曹操提倡社会不好的风气，吴国和蜀国也奖励权术 | 激烈 | 缺乏 | 很艰难 | 卑下 |
| 六朝 | 外族侵入 | 奖励浮华奢侈的风气 | 非常多，并且本民族大都战败 | 佛学、道家并用，诗词章句非常崇尚清谈 | 凋零衰落 | 浑浊柔靡 |
| 唐 | 本民族恢复中央集权，不久又陷入分裂 | 骄奢淫逸 | 上半期平和，下半期大乱 | 儒家学者除了在诗词章句上有所发展之外无所成就，佛学稍为发达 | 上半期比较复苏，下半期非常困窘 | 上半期柔靡卑屈，下半期浑浊 |
| 五代 | 国不成国 | 无君 | 战败于外族 | 无 | 民不聊生 | 最下 |
| 宋 | 君主政权微弱，外族入侵频繁 | 真仁、爱民、崇礼 | 战败于外族 | 道学发展到最为兴盛的时期，朱熹、陆九渊的学说成为其中心点 | 稍为复苏 | 崇尚气节道义，但稍为文弱 |
| 元 | 外族主权，君主专制权力量非常强大 | 以游牧民族的性践踏汉民族文化 | 本民族完全战败，元朝发动的对外战争与本国国民不相干 | 选取朱熹学说末流，儒家学说精神不复存在 | 困窘 | 卑微低下，寡廉鲜耻 |

| 朝代 | 国势 | 君主 | 战争 | 学术 | 经济 | 民德 |
|---|---|---|---|---|---|---|
| 明 | 本民族恢复君主专制集权制，力量非常强大 | 明太祖残忍刻薄，打压挫伤民气 | 战争胜利后，和平时期比较长 | 王阳明心学大为兴盛，思想高尚 | 稍为复苏 | 宣扬崇尚名誉和气节，几乎可和东汉相比 |
| 清 | 外族被汉民族文化同化，君主专制集权力量强大 | 雍正、乾隆以刻薄阴险武力震慑天下 | 汉民族战败后，和平时期比较长 | 士人以考据词章寻求自我隐遁，不再只求学问，其中狡黠者以腐败矫饰朱熹理学来文饰自己的奸诈 | 颇为复苏 | 庸懦、卑怯、狡诈 |
| 现今 | 被文明先进的外族入侵，国家主权荡然无存 | 四十年来，政权统治者以压制敷衍为主要工作，最近更加激烈 | 内乱尚未平定，外患又兴起，多次战败之后，天下骚动 | 旧学渐渐消亡，新学尚未形成，青黄不接，错漏百出的学说重叠 | 国家财政亏空已经非常严重了，而世界经济竞争的风潮又侵来，全国凋敝衰落 | 丑恶浑浊达到顶点，诸种丑恶都齐备了 |

# 三、私德的必要性

私德，就像人每天吃的粮食一样，是不可以丢掉片刻的。虽然这样，我的论著如果是针对大多数不读书不识字的人讲的，那么没有人会明白我；如果是针对那些少数读书识字的人来讲的，那么却没有人听我的。于是我的忠告想要告诉更多的人，就不得不限于少数国民中的最少那一部分。我相信这最少的一部分国民，将来的势力一定会很大，足以改变大多数国民的想法。我因此而高兴，也因此而害怕，我却不能不发表看法。

现在迅速滋长的那些有骨气、有血性的青年人，他们所获得的最为炫目、令人倾心的主义，大概就是破坏主义了吧？破坏是否能够在当今的中国大行其道，这是另当别论的问题，现在不做讨论。而今天走极端的那些人，认为建设国家需要道德，但破坏不需要道德，我以为这是错误的。古今宏伟大业的建设，没有不包含着某种破坏精神在其中的。古今那些破坏旧秩序的伟人，也没有不富有建设精神的。实际上，破坏和建设两者相辅相成、不可分离。两者所需要的能力都是相等的，如果能力有所欠缺，那么建设不能够实现，破坏也同样不能实现。现在所说的破坏者，引用经济学上的分工为例，说自己只有一个人的能力，不能把天下所有事都承担下来，所以我不如顺应时势，就专门以破坏为己任。等到破坏之后，那些建设的责任就靠后来者承担吧，不需要我过分担心。他这样的想法好像也非常豁达、大公无私。但我以为并不是破坏之后才有建设，而是在破坏之前就有建设。如果不是这样，虽然每天鼓吹破坏，但破坏的目的却永远达不到。为什么呢？社会学里一个有名的观点就是一定要内部强健才能对外竞争。一个社会与其他社会竞争，就像一个人与别人竞争，如果自己内部的机体还不完善，那么遇到敌人就一定会失败，或者还没遇到敌人就自己认输了。而破坏主义的性质，就是拿我们国家新近发展的力量的少数人，与外国发展长久的力量大的多数人进行斗争。我们不怕敌人太强大，只怕自己太弱小。我们想要战胜敌人所依靠的是什么呢？是一个内部团结的坚强有力的机体。对于一个社会、一个国家来说，如果继承了经年累月的习惯，由此天然形成了机体，成功就比较容易。而一个党派却不是这样，因为历史上没有可以借助的东西，当世又没有可以利用的充分的资源，它的机体全靠人为而建成，所以成功就非常困难。所谓破坏前的建设者，其实就是建设这个的。如果想要取得这样的成果，除了道德又能凭借什么呢！

当今所说的破坏者，说是要破坏一切，这是在称誉不肖者。我们为什么要提倡破坏呢？是为了去除那些危害社会的东西。如果说破坏一切，那不就是把社会也一起破坏了吗？就好像人的身体，有病在身，所以不得不用药石治疗，但如果不管有病或者没病的部位，都用上药石，那简直就是自杀了。我也深知仁人志士所说的破坏，并不是想破坏社会，但他们不知道，"破坏一切"这句话如果说惯了形成无意识，那么道德就无法对它进行判断了，社会也就一定会走向灭亡。我也深知当今的仁人志士提倡破坏，实际上是因为今日的社会实在是处处都有问题，愤慨到极点，恨不得把社会翻个底朝天，然后重新进行改造，这是可以理解的。但医生无论用什么灵丹妙药，也必须依靠着所谓的"元神真火"，也就是那个生病的躯体。不然的话，一种病还没痊愈，另一种病又出现了，而新出现的疾病必定比之前的还严重。所以破坏一切的口号，实在有很多弊端，收到的效果也不大。为什么呢？社会上有破坏的人，有不破坏的人，那么破坏了应该摧毁的东西，就能带来相应的好处。但如果把一切都破坏了，不仅将来应该成立的东西无法成立，而且现在应该破坏的东西也没有彻底摧毁，我敢这么断言。我曾经以为中国的那些旧道德已经不足以规范今天的人心，所以想要发明一种新道德来约束人心（参看第五节论公德篇），而现在再想，那只是理想的说法，决不是现在就能付诸实践的。我们讨论社会治理，一定会说到德、智、力，然而智和力比较容易达到，只有德最难。现在我想以一种新道德改变民众，一定不是光靠引进西方的观点就能够做到的，一个人读遍苏格拉底、柏拉图、康德、黑格尔的书，我们也只能说他有"新道德学"的知识，也不能说他有"新道德"。为什么？道德是表现在行动中的，不是表现在言语上的。我谈论道德的时候，都是出于自由的良心，无论古今中外都是一样的，也就自然没有新旧之分。但我想实践道德，就会因为社会现状的不同而有不同的表现。先哲的微言大义，祖先的美好事迹，这是随着我的身体而遗传给我的，这样的道德与我所处的环境相适应，但如果拿别的社会的道德来让我在自己的环境下施行，就很难了。我曾经分析过西方的道德，发现宗教的制裁占一部分，法律的制裁占一部分，社会名誉的制裁占一部分。这三种要素，当今的中国存在吗？所以我知道西方的道德在中国一定不会存在的。西方道德不能适用，而还想用新道德来改变国民，那就是磨砖为镜、炊沙成饭，不可能实现的。我知道现在谈德育，不能不借助于西方的新道德，然而这一定是要等我国国民教育取得发展之后的事情，不是一朝一夕就能实现的。在现在青黄不接的时期，虽然天天听人宣讲，却并不会有很大效果。更何况现在没有东西可供我们进行过渡，那么国民教育的事情也不过是一种空言，不知何时才能施行，新道德的输入也就因此绝望。但是当今我们能够勉强维系我们社会的东西是什么呢？其实就是老祖宗遗留下来的旧道德。（道德和伦理不同，道德包括伦理，但伦理不是道德的全部。伦理会因为时势而改变，但道德是放之四海而皆准的。例如一夫多妻制不是不道德的，但对于现在的伦理而言就不能实行了。又例如忠、爱的品德是古今中西相同的。这样的例子不胜枚举。所以说中国的伦理有缺点是可以的，但不能说中国的道德有缺点。）而"破坏一切"的言论出现，就势必把旧道德全部摧毁。呜呼！这样做很简单，但后果也很严重。看到程颐披头散发，就知道百年来都战事不断。不要说我姑且说这些话是为了逞一时之快。如果你的言语是很无力的，那为什么又说这么多呢？如果你的言语是很有力的，那就要毒害天下了。我希望那些说话的人能够时常反思一下。

读者可能会说：现在连救国都怕没时间，你们却在这里谈性说理是为了什么呢？诸君这不是自认救国的责任吗？如今四亿人的腐败已经很久了，那么就算少了诸君又能改变什么呢？只是因为担心中国的前途，所以诸君重视道德或者蔑视道德，都与国家的存亡有关。就拿现在的破坏事业来说，诸君知道二百年前英国革命的英雄是哪些人吗？克伦威尔是最纯洁的清教徒。一百年前美国革命的英雄是谁？华盛顿所率领的都是最正直善良的美国市民。三十年前日本革命的英雄是谁？吉田松阴、西乡南洲都是朱学、王学的大儒。所以如果没有强大的仁慈之心，如果没有高尚纯洁的灵魂，不能随便说破坏。即使是这样，破坏也是说起来容易，做起来难。我知道困难所在，所以每天都孜孜以求自我勉励，以忠信作为行为准则，稍微有点用处。但如果把我们现在用来破坏的工具也都摧毁了，那我认为破坏的前途也就消失了。我看现在社会上革命的热情太高涨了，以至于有些人把洪秀全、张献忠都当成了英雄，我也明白这些人是为了有所作为才发言的，但是说出这样的话危害就太大了。说话的时候很痛快，可是要忍受其造成的恶果却是很艰难的。张献忠根本不值得讨论。至于洪秀全，因为有人认为他所标榜的主义与民族主义相符合，所以对他进行歌颂。但洪秀全真的是为了民族主义而起义的吗？可能连为他辩护的人也不敢保证。王莽不是也曾经说过效仿周代吗？曹丕也同样效仿尧舜。但我们看他们的为人如何呢？大概论人的人应该从那些人的内心去考察。如果这个人在内心是个小人，不能因为他的主张与我们的主张偶然相合，就把他称为君子。例如韩侂胄主张伐金，这是我们最赞赏的观点，但不能因此赞赏他这个人。如果这个人是个君子，那也不能因为他的主张与我们偶然有不同，就说那个人是小人。王猛辅佐苻秦，我们最深恶痛绝，但我们却不能因为这件事抹杀他这个人。如果论者把对内心的考察忽略了，甚至认为这个无足轻重，那么谁还能阻拦他对人的错误判断呢？如果他的言论被社会所重视，那我就不知道全社会的观点会被他引导到哪里去了。不仅如此，我们鼓吹革命，不就是想要救国吗？人们想救国的心情，有谁和我不同呢？但是国家并不是凭借这些"瞎闹派"革命而得救的。这不仅不是救国，甚至是使国家加速灭亡。所以不能不平心静气地进行考察。这些辩论者肯定又要说：如果没有瞎闹派开启局面，实力派就不能享有现成的成果。这种说法是否正确，另当别论。但我们现在考察辩论者的意思，他们自己想当瞎闹派，就一定要让那些听到这些言论的人都变成瞎闹派吗？恐怕你们想要自我贬损，你们所处的地位却决定了你们不能这样做。即使可以这样做，举国上下有很多瞎闹派，现在、未来瞎闹的行动也不会少，你又何必去画蛇添足呢？也更不需要你从旁边劝架。更何况你现在的言论，都是跟那些没有瞎闹资格的人在讲，那些有瞎闹资格的人，并不在你笔墨范围之内。我们当务之急是从事真正救国的事业，培养真正救国的人才。如果真是这样，那我觉得这种只图口舌之快的言论可以停止了。曹操曾经下令求贤，任用那些不仁不孝但是有治国才能的人，这只是为了拯救一时的局势，但他没想到就是因为这个原因导致人们失去了廉耻。五胡乱华、元魏入主，汉族势力的衰败都从这里开始。这其中的因果关系是合理的。呜呼，还能不叫人深深地担心吗！父亲抢夺别人的财富，孩子就更进一步要去杀人。现在国家的最少数人首先觉醒，号称是得风气之先，后觉醒的人都会以他们为榜样，并且更进一步。如果倡导者走入歧途，那么恐怕就算功劳再大也不能弥补损失了。古代哲人说，两军相遇哀者胜。当今有知识有血性的人士，面对当今政府是一重困难，外国列强是另一重困难，那么是不是应该兢兢业业地养精蓄锐才行呢？我认为学识的开通、革命的准备都是后续的事情，只有道德的培养要先进行。如果没有道德观念从中调和，那么人们就不能形成团体，那还能图谋什么事情呢？自己盖楼自己烧毁，自己种庄稼自己踩踏，确实真心实意地破坏了，然而最终受到破坏的是我们而不是敌人。曾国藩是近来那些排满人士最痛恨的人。然而我却越来越崇拜这个人，我认为如果曾国藩到现在还正值壮年，那中国必定会被他拯救。曾国藩天性非常纯厚，所以可以行破坏的事情；他的自我修养也很高，所以可以做一些权变之术。所以这个人常说扎硬寨，打死仗，多条理，少说空话，不问收获，只问耕耘。他能够成就事业，是因为有自我修养；他能够率领群贤共创大业，是因为能够使人佩服并善于用人。我们这些人如果不想使社会清明就算了，如果有这样的志向，就一定要日日温习《曾国藩集》好几遍。如果以英、美、日本的英雄来说明问题就像刚才提到的那些人，如果以本国的英雄来做榜样就应该学习曾国藩，确定救国的责任，才能够成就大事。

我说那些破坏家破坏的都是我们的东西，对敌人却没有损害，有些人可能不服气。大概那些提倡破坏的人，他们的本意也不是损害自身，但他们做出的事情往往就是如此。这不仅发生在不同党派之间，在党派内部也会出现。为什么呢？我曾经说过，共同学习和实行一种主张，但道路有时候相反，所以在统一团体中的志士们要经常小心。当这些人共同学习的时候，因为境遇、志趣、思想等方面都相同，所以都能和睦相处，希望以后并肩作战改变世界。但是当他们走到社会上进行实践的时候，因为每个人个性不同，地位不同，一到具体的事情上就出现不同观点。然后两个人就相互斗争、相互怨恨，最后变成了仇人。这实在是中西方历史上常见的事。谚语说得好："相见好，同住难。"家庭内部夫妻、子女、兄弟之间尚且如此，朋友之间这种情况就更多了。那个时候，如果彼此之间感情深厚的话，还能够勉强不分离。看曾国藩和王璞山、李次青两人交往的历史就明白其中的道理了。如果现在读者还不相信，那等到你们真正处理具体事务的时候，一定会明白我说的话是对的。当今的仁人志士，一定不能分散开单打独斗，一定要有分工精密的组织才能救国。我想来想去，团体的机体之所以能够成立，除了道德的感情之外，没有别的可以依靠了！

处理具体事务最容易冲散人的德行，特别是破坏之事。

更何况当今人们的心思腐败到了极点，奸诈之事层出不穷。曾国藩给弟弟写信说："我自信本来也是个老实人，只是在社会上摸爬滚打久了，饱经世事，就学会了一些权术，把自己的品性也学坏了。"以曾国藩的贤德还不能免于污染，更何况别人。所以在学堂里说道德容易，现实中实行起来就很难了。那么对于破坏者，一举一动就有大敌当前，需要谋划出各种计谋，经常接触机巧之事，最后品性就败坏了。所以破坏家的地位性质，是和道德最不相容的。亲身经历的人就知道，自己最初原本是朴实善良的人，但渐渐受到影响，不知不觉地就变成了一个刻薄寡恩的人。这实在是最可怕的试验场了。深究下去，那些走入歧途的人，自然都是一事无成的。这实在不是我从宋元学案上找到的例子，而是现实中实际发生的事情。那些做事的人修身养德如此困难，但这些人又急需这样的道德，所以这两者的冲突实在太大了。《诗经》说："毋教猱升木，如涂涂附。"时刻自我告诫，或许还能勉强挽救自己，如果稍微一放纵，品性就一落千丈了。

有人问：现在中国已经是腐朽的社会，道德上的黑暗已经难以想象，你所说的言论，反而偏偏责怪那些学习新学的青年，就算新学青年有时候会有不道德的行为，难道还不如之前那些老朽的人吗？我回答说：不是这样的。那些老朽的人已经没有希望，没什么可责备的了，也是我笔力不能达到的范围。中国已经在那些人手上走向灭亡了，我只能希望现在的新学青年能够使之复活，如果青年稍有不慎走向了歧途，那么中国就再也没有希望了。这就是我的良苦用心。

《礼记》说："君子有诸己而后求诸人，无诸己而后非诸人。"这句话的意思是那些没有坚定信念，没有高尚道德的人，除了自责之外，没有资格与天下志士讨论道义。虽然如此，西方的佛教也说："己发自度，回向度他，是为佛行；未能自度，而先度人，是为菩萨发心。"因为我自省能力薄弱，所以希望有良师益友互相监督帮助。人们希望如此的心情有谁和我不同呢？通过圣贤之书进行学习，同时又有良师益友帮助我，我的话虽然有点让自己惭愧，但也大概说得过去。

我曾经观察新学界，郑重其事地提出德育论的人，也不是没有人，但成效不大，原因就在于他的德育始终离不开智育的范畴。一个人看了大量的宋明学案，阅读了很多英、法、德伦理学史，但对于自己的德行有何益处？什么是理、气、太极无极、已发未发、直觉主义、快乐主义、进化主义、功利主义，辨明这些概念对德行又有什么好处呢？我并不是说这些学问不值得研究，而我认为我学习理化、工程、经济、法律等等，只是增加了我的某一种智慧。但是这些对于德育，都只是空谈，没有实际的效果。在这条路上长此以往，我恐怕再看几十年书，也还是不能达到德育的目的。呜呼！西方人民的智慧和德育的进步是同步的，而东方民族的人，智慧和德育却是反比例进步的。当今中国的现象就是这样，智育妨碍了德育，名义上是德育实际上是智育，并且更

259

加成为德育的障碍。以智育损害德育，那么天下人都会把问题归于智育，但如果以"智育的德育"来妨碍德育，人们就会把问题错误地归于德育。这件事情关系重大，那些有志于拯救社会的人，一定要审慎地思考德育的界限。

"为学日益，为道日损"，这句话说得太对了。现在我们这些人对于日日进步的东西还在孜孜以求，但对于日日减少的东西却不加留意。呜呼！这是道德逐渐沦丧的原因！我认为学者如果没有求道之心就算了，如果有的话，实在不需要学习很多，只要精心挑选古人的一两句足以给人很大启发的话，终身学习受用无穷，这也就是自己安身立命的所在了。黄宗羲说："学问的道理，以各人的具体使用而得到学问的价值。"又说："凡是学问就有宗旨，往往就是做学问的人最有力的地方，就是学习者入门的地方，天下那么多义理，如果没有简明的总则，我怎么才能让那些学问为我所用呢？"这实在是给学者指出了求道的不二法门。那么既然各人根据自己的需要学习，自由选择，哪里容得下我在这里胡言乱语？虽然如此，我既然想要承担一些救国的责任，就在这里与诸位商讨一下我的观点。

一是正本。我曾经读王守仁的《拔本塞原论》，说：

> "圣人的学问离我越来越远，功利的习气也日益减少。我曾经对佛老的学说很痴迷，但是佛老的学说也没有使我战胜功利心。虽然我又曾经取群儒

折衷的言论，但群儒的见解，也不能破除功利心。大概时至今日，功利的毒害已经深入到人的骨髓而变成人的一种天性了。背诵圣贤书越多，就使他的功利心越大；见识多了，就恰好可以让他行恶；听闻广博，就能使他更加雄辩；词章丰富，就能掩饰他的虚伪。所以他可以假借名号，说自己也是为天下大事而奋斗，但他实际内心的目的则是在于满足自己的私欲。如果以这样的积习、这样的心智去学习，那么即使他听到的是圣贤之书，也会以为是无用之物。"（下略）

呜呼！为什么他所说的每一句话，都好像是针对我们而说的呢？至于功利主义，在现在势力很大，把它变成一种学说，学者不仅不对此感到羞耻，甚至以此作为标榜。王阳明的学问，在当时还被说成是无用之物，如果放在今天，听到这些不唾弃它的人能有几个？虽然如此，我还是想在此强调一下。同一件事，为了一个目的而做和没有目的而做，形式虽然相似，但结果大不相同。就拿爱国来说，爱国是绝对的、纯洁的。但如果假借爱国的名号来满足私欲，还不如不知爱国、不谈爱国伤害更小。王守仁所谓功利、非功利的区别就在这里。我们这些人可以反躬自省一下，是不是和王守仁所耻笑的哪一类人相似，这是别人看不到的东西。大概我们这些人当初受到动荡局势的刺激，感动于圣贤的言论，最初的爱国心都是绝对纯粹的。但渐渐有一些人得到了一些利益，于是他们的爱国心就荡然无存了。就像贪慕别人的美名能够在人前夸耀，于是借来，但是久借不还，可能连自己也忘了这个名声本不属于自己。所以那些起初真诚，后来变得虚伪的人，不是本性如此，而是没有学到一定程度，不能时时反省，拔本塞源。王守仁又说："杀人应该在咽喉的地方下刀，而学习需要从内心细致入微的地方着力。"我们如果要自暴自弃，那就无所谓了，如果不是这样，就需要在内心最细微的地方进行自治。之前看到某人排斥我所写的振奋道德的言论，说"现在只应该寻求那些爱国舍身的英雄，不应该做修身自持的迂士。做了英雄，即使有一点小缺点，我们也会不拘小节，敬重他的赤诚之心的。"又说："想要把那些血气方刚的男子，变成一个个循规蹈矩的人，让他们进入没有前途的道路。我不知道当前国家面临亡国的危险，还要这些迂腐的人格有什么用？"我认为可以说有一些不拘小节的英雄，但实际上英雄恐怕一百人里面不见得有一个，但不拘小节的人就很多了。那么我是属于那一个人呢，还是属于那九十九人呢？只有自己才能知道。如果说不需要王守仁的拔本塞源就能成就英雄，但我并没有见到这样的人。如果说我的性情原本已经非常纯美，不需要拔本塞源，那么你是可以做到，但是我们这些沾染习气深重、自制力差的人就需要兢兢业业地自省了。何况我所谓的旧道德，并不仅是修身自持、循规蹈矩。循规蹈矩是道德的最高准则，也就是王守仁认为无法达到的境界。如果我不从内心细微之处进行修身养德，那么修身的虚伪就和爱国忘身的虚伪、循规蹈矩的虚伪一样了。为什么？因为它们的来源都是一样的。

二是慎独。拔本塞源，是道学的第一要义。如果没有这样的志向和勇气，那么就等于自暴自弃。如果立下了志向，但因为受到长时间习气的沾染，很难简单就节制自己的习气，不能保证自己本心不变。如果是这样，就需要慎独了。慎独的意思，我们从《大学》《中庸》中早有了解，然而因为志向都没有确立，所以能够受用这个要义的少之又少。我又听王守仁说"慎独就是致良知。"学者问王守仁："近来我开始有些思考，但是思维很难在某处安定下来。"王说："只是致知。"问："如何致？"答说："你的一点良知，是你自己的准则，你的意志所到之处就是良知所到之处。你只要不欺骗它，那么一点点落实去做，去辨析，就会去恶存善。"真是一针见血。（实际上《大学》说："所谓诚其意者，毋自欺也。"这已经说得很明白了。）他的徒弟钱绪山说："良知是一个头脑，即使在人群之中，它的关注点也在一个微小的地方。"所以良知的本体，就在于能够慎独。姚江、康德，虽是时代不同，地域不同，但也有相同的用心。寻求真理的道理就是要一片赤心，上下求索。王守仁又说："道是不断变化的，纵横上下其实可以推导变通。但现在的儒士各执一端进行粉饰，并把自己的学说作为至理名言，其实是骗人骗己，最终也不能悟道。如果不是诚心想要寻找圣人的志向，没有人能够找到圣人学说的本源。"以王守仁的学问和品性，在求道的过程中还包藏祸机，那么我们这些求学问道的人，不就更严重了吗？当今学界受到毒害，原因和晚明不同，程度已经是十倍以上了。晚明时期，满街都是圣人，酒色财气都不能阻碍求道之路，而现在，满街都是志士，但除了酒色财气，又加上了狡猾阴险，还以为这是英雄应有的样子。晚明的猖狂之人，以王守仁的直接简易的学说作为护身符，现在的猖狂之人，则把自由平等、爱国忘身作为护身符。现在做小人都不觉得耻辱，明目张胆而且天下都不能对他进行非议。呜呼！我民族还想自立于天地之间，然而谁能帮助我？谁给我订立规矩？

　　除了自己慎独之外，没有别的办法！我曾说景教是西方德育的源泉，作用就在于祈祷。祈祷不是祈福，一日三次祈祷。祈祷的时候一定会把注意力收回到内心，然后使内心净化，把自己一天中的行为和想法一一反省。在祈祷的时候就能够形成纯洁正直的思想，这对于自己的德育最有帮助，这就是普通的慎独法。个人的道德精进了，社会的道德也就逐渐进步。《诗经》说："上帝临汝，无贰尔心。"东西方的教义虽然形式不同，言语不同，但内在的本质都是一样的。谚语说："英雄欺人。"或许有欺人的英雄，但不会有自欺的英雄。另外王阳明又说："去山中贼易，去心中之贼难。"我们这些自命志士的人，要是不能清除潜伏在心底的魔，那么整个国家的魔就会永久潜伏在国中，无从清除，这是不言而喻的。

三是谨小。先人遗训是"大德不逾闲，小德可出入"。然而我们这些人道德薄弱，自制力不强，所以往往随波逐流，小德违反的很多，大德也免不了受到影响。钱绪山说："学者功夫不到家，只是因为一个虞字作祟。良知是非都是明白的，但一遇到事情就开始自欺欺人。"又说："平日对自己姑息，以为没什么大不了，但现在看来，一粒小灰尘就可以遮住整片天空，实在可怕。"呜呼，字字句句都是对我们的教诲。以我自己的经验，人生的德行之所以没有进步，就是因为自我敷衍。这实际上都是意志薄弱的表现，不能不与同仁们共勉。曾国藩曾说自己戒烟、早起、日记三件事，知道实行起来很难，但还是有所怀疑，等他自己试验以后，才知道这些小事实在不容易做到。有了一些小过错，起初不以为然，但却不知道之后做的更大的过错就是因为在小事上姑息敷衍，没有引起重视。例如治国，一个地区的饥寒盗贼，以为是小事，但是如果蔓延到全国，社会就受到影响。身体也是如此，如果不在意那些小的毛病，任由它发展，最终就会病入膏肓。如果我们不能时时检点自己的行为，那就是康德所说的放弃了良心的自由。综合以上几点原因，不能不谨慎行事。那些以不拘小节标榜自己的英雄们，可以好好思考一下。

以上这三点，都是我想要自我勉励的地方。天下义理很多，现在只举这三点，只要做好了也是很珍贵的。我更多地引述了前人的观点，专门谈到王守仁和他的弟子，是因为想向他学习，其他人也有精到的论点，但还不能全部消化。古代的讲学者，只要内心受到了教诲，一定会躬身力行，即使不著书立说，也能用自己的行为影响天下人。而我现在著书立说，也是想要未能自度就先度人。如果有人问我自己在以上三点做得怎么样，那我就无言以对了。希望读者不要因为我不能实行就轻视上面所说的三点，如果我的话还有些可取之处，那也就算我的观点对社会有些贡献。

至于某报纸说我只指责别人不要求自己，我已经知罪了。孟子说："责善，朋友之道。"我以言论与天下人交朋友，应该也是可以的吧？读者也请不吝赐教，时时帮助我，假使我能够将来有所成就，那么你们对我的恩情实在是非常大的。

# 第十九节　论民气

一个国家内大多数人对于国家的荣誉、公众的权利、财产的保障常常有不可侵犯的神色，这就叫作民气。民气是国家得以保存的一个重要因素。虽然如此，只有民气，一个国家能够立足吗？当然不行。所以民气必须有所依凭才能发挥效力。

（一）民气与民力相依靠。无民力的民气是没有结果的。别人侵犯我，我气冲冲地对他警告，这是民气。那我之所以能发出警告，是因为我的话里有未说出的威胁，使对方害怕我而不敢再犯。如果我有实力实现我的威胁的警告，那么对方在试探的时候就会觉得害怕，最后不得不屈从于我，我的目的也就达到了。如果对方认为我不能实现我的警告，或者即使实行了也不用害怕，那么一定会再次欺负我，并对我的措施做出反应，看看自己是不是能够抵挡住我的反抗，同时我是不是害怕他的行动。这个过程中之所以我会害怕对方，对方也会害怕我，靠的就是力。民气固然贯穿一件事的始终，但是只有民力才能让事件开始并且走向结束。气是力的补助品。如果我只是贸然地警告说你不准怎么怎么样，然而如果对方当真那样了，我又怎么处理呢？还没有计划好。等我计划好了，发现这件事我不能实行，或者实行了，却不能损害对方一丝一毫，甚至反而有损于我，那么我的这个宣言就是毫无作用的。如果对方不知道我的实情，认为我敢实行自己的警告，那么就会害怕我接下来的行动，于是就屈从于我。但是这也不值得高兴。因为即使现在对方没有察觉，必定有察觉的时候，等他察觉了实情，那我的同类宣言也都作废了。所以没有实力而取得侥幸胜利，并不是好事，因为对方相信你有这实力，就一定会加倍准备，等对方实力突进的时候，会给你加倍的打击。所以没有民力支撑的民气是不能滥用的。那么如果民力不足，别人当牛马一样奴役你，你也只好忍受着，这没有别的出路，不甘心也没用，只能不断努力增长民力。如果民力不及，一定不能用民气。日本当初与我国通使，领事裁判权还没有收回，我国当时的横滨领事范氏就用灵活的手腕主张我们的权利，常常使日本人难堪，但也不得不忍受。琉球事件中北洋舰队在长崎示威，我们的水师与日本警察交涉，最后的结果是长崎的警察不准带刀。他们也不得不忍受了好几年。但他们忍受屈辱的时候，也是积蓄力量的时候，所以甲午战争一举打败了我国。他们与俄国的交涉也是如此，俄国以桦太交换千岛，日本不得不同意，甲午战争割让东北，三国进行干涉，日本也不得不忍。但是他们也在不断积累势力，于是日俄战争使日本对俄国三十年的耻辱一扫而光。那么日本人在忍受的时候，也有民气，但是不能爆发出来。只能以退为进，日积月累才能还击对方。如果不这样，下场就会很惨，例子就是朝鲜。朝鲜也不是民气不振的国家。十几年前东学党人振臂一呼，情势蔓延到全国，追溯起因则是因为政治问题。我在日本的七八年间，时常看到报纸上有朝鲜爆发动乱。对政府示威游行的活动年年不绝，对内民气很盛。对外例如日本也是一样，因为抵制银行债券事件，实行了全国工商同盟。新近日韩新约签订，国家的元老大臣中竟然有很多人自杀。由此看来，日韩的国民都是民气十足的人。但是三十年前日韩两国相差无几，但现在韩国落后于日本很多，就是因为韩国原本应该默默无闻积累力量的时候反而滥发无谓的民气。韩国民气逐渐削弱，而日本的民力逐渐增长，于是韩国对日本的败局已定。所以我说：民气一定等到民力发展后才能使用，对内对外都是如此。

（二）民气必须和民智相依靠。没有民智的民气没有价值。气，包含着一种竞争的意味，不管广义或是狭义的竞争，总带有战争的性质。狭义的战争，第一要有宣战的理由，如果我有合理的理由宣战，就能够使军队同仇敌忾增强自信，进而取胜，这是其一。其二是能使敌人处于道义上的劣势，萎靡不振。其三是能使中立的国家同情我方，间接支援我国的军队战斗力。第二，需要有作战计划。我方的力量自信能与敌人作战，但这场战争带来的我方损失有多少，敌人损失有多少，敌人反攻的话我不回击的损失有多少，回击的损失又是多少，这些都需要一一计算。上面所说的这些，不仅应用于狭义的战争，广义的战争也是如此。既然说"气"，那么就不是永远不变的。《左传》说："一鼓作气，再而衰，三而竭。"这最能说明气的性质。所以民气不能挫伤，那些越挫越勇的情况，一定是他们有所依靠并能够运行于气的外部的。如果只有气，那么一次挫伤就一次衰败，到最后就再也不能振奋。如果毫无理由滥用民气，如果侥幸胜利还可以，如果失败了，那么时过境迁最终会明白那是无理由的勇气，于是就会自怨自艾，使自己的自信心受挫，民气也就一落千丈。那么怎么才能保证不滥用民气？就需要全体人民都要有平均水平之上的常识才可以。民气往往容易盲从大多数人而越积越大，也往往因为盲从而遭到挫败。所以，盲从的人民一定要对外界有坚牢的抵抗力和持久力。所以我说：民气必须有民智之后才能用，对内对外都如此。

（四）民气要与民德相依靠。没有民德的民气，不但没有好处还有坏处。凡是多人聚集成为一个团体，团体中就会出现权力，有人觊觎权力就加入这个团体；团体中会有荣誉也会有特别的利益，有人因为觊觎这些加入团体。一个事件的发生，由于其直接或者间接的结果，可以挫败一个人或者一个党派，于是有人就会因为私人或者党派之间的相互倾轧而加入团体。所以我们看到一个团体表面上强大团结，实际上其中的人都抱有不同的目的，不管事情成功与否，都会生出一些恶果。这样的败类无论何种团体都可能出现，只不过民德高的国家数量少，民德低的国家数量多。如果一个团体中这样的人占多数或起主要作用，那么祸患就不可思议了。以上所说的，都是假公济私，以煽动民气作为手段的不能说是真民气。但就算属于真民气，也需要道德来规范。一种是坚忍之德。凡是要抗争的目的都不是一蹴而就的，如果不能坚忍，那么民气也就来势凶猛但很快就会消失。二是亲善之德。团体越大，里面的人成分就越复杂，人们为了一个目的，在讨论时难免有一些冲突，如果不能亲善，团体早就分崩离析了。三是服从之德。一个团体必然有指挥者，如果受指挥的人不能服从，人人都想当指挥者，那么群龙无首，就会立刻失败。四是博爱之德。民气扩张，必然有所破坏，但是破坏是不得已而为之的，需要控制在一定程度之内。如果没有这种品德，那么破坏过多，局面就不可收拾。前面所举的四种，是与道德相对立的，让这种人利用民气，危害极深。后四种虽然不是与道德对立，但属于我们所欠缺的道德，让缺少这些道德的人利用民气，危害也不浅。义和团和法国大革命就是例子。所以我说：民气一定等有了民德之后再用，对内对外都是如此。

于是我研究民气的性质及其功用，得到几条公例：

（1）民气只是补助的性质，不能单独使用。不能把它当作唯一的手段。

（2）民气用的次数多了，就容易衰竭，储蓄得越久，力量就越大。所以适合偶尔使用，而不宜常用。

（3）如果善用民气那么好处会很大，但误用的话恶果也很严重，所以即使偶尔使用也要慎重。

（4）民气比较容易鼓动，所以平常不适用的时候，不要随意煽动民气。

以上四个，前三条已经说过，现在再说一下第四条。

说民气不需要激荡，但如果放任民气，想让它自由产生，也是不容易的。虽然这样，但与民力、民智、民德相比，它的产生还是比较容易的。（1）正当的民气产生于自卫心，而自卫心是人人都有的。（2）民气不需要事先准备其他条件进行培养，所以可以临时鼓动。（3）如果民力、民智、民德都有所发展，那么国民自然就会能够维护自己的主权，确定自己的职责，民气也就可以自行增进。根据以上种种理由，所以我们不论对内对外，要先考察是不是可以使用民气的时代，如果不是，则不如把民气储存起来，转而在最难产生、最难确立的民力、民智、民德上下功夫，等到需要用到民气的时候，不需要太多人鼓吹，民气自然就能浩荡全国。如果不信，那就请看最近东京罢学事件和上海罢市事件。所以如果不是使用民气的时候而去随意煽动民气，只是浪费时间和精力罢了。

有人问，那么你认为当今时代是不是使用民气的时代？我回答说：如果从全局看，不管对内对外都不是可以使用民气的时候。从部分来说，则要看事件的性质是什么样的。我认为有些适用，有些不适用。即使是那些适用民气的，在使用的时候也要把握好分寸，如果天天鼓吹过多的民气却不做实际事情，那我就不敢苟同了。然而这件事很复杂，不能一下子说清楚。

# 第二十节　论政治能力

　　我们今天担忧国家的人，总是你看我、我看你，悲哀地呼喊说："唉！中国人没有政治思想！"确实是这么回事，我们中国人没有政治思想。但即使这样，我认为，今后的中国，最大的忧患不在于没有思想，而在于没有能力。在任何方面都是这样，尤其是政治方面。简单点的思想，听别人嘴上讲讲就可以掌握了；复杂点的思想，通过一番刻苦钻研也可以弄明白。（我们）通过听别人讲述来学习思想，不出几个月就能看到效果；通过钻研书本来学习思想，不出几年也可以见到些成效。所以要让一个没有思想的人转变为一个有思想的人，这件事情还比较容易；但是要让一个没能力的人转变成为有能力的人，这事就真的很难。

　　十年前朝鲜的东学党跟三十年前日本的尊攘家，（他们）在思想主张方面有明显的高低区别吗？那么为什么日本能改革而朝鲜不能改革呢？原因是朝鲜人的能力比不上日本人。十九世纪初，南美各个国家追求独立的时候，跟十八世纪末的北美各个国家寻求独立的时候在思想主张方面有明显的区别吗？那么为什么北美各个国家可以秩序发达，而南美不能呢？这是因为南美各国人的能力比不上北美人。路易十六时代的法国大革命跟查理一世时代英国的革命（在思想主张方面）有明显的高低区别吗？那么为什么英国人可以得到一个完全立宪政体，而法国人却不能得到呢？这是因为法国人的能力比不上英国人。如果说光靠思想就可以自立的话，那么古代波斯人的思想能力不比阿拉伯人差多少；中世纪罗马人的思想能力也不比峨特狄人即印度人差多少；根据心理学家的论述，即使是印度人，他们的思想能力也完全可以跟英国人相媲美，甚至说不定可以超过英国人。那么为什么出现前一个的国家繁荣强大，后面一个的国家却衰弱灭亡的局面呢？如果说光靠思想就可以自立，那么在欧美的大学中，黑人和其他人一样受同等教育，获得博士、学士学位，成为法学、医学、理科、教育的专家，他们跟白人一样同样处于学术界，这样的人占很多。还有犹太人著书立说成为思想巨匠，也可以说屡见不鲜，那么为什么黑人建设国家遥遥无期，犹太人在亡国之后再也没能兴起呢？所以，思想不是完全能靠得住的，只有提升能力才能靠得住。

自黄帝以来，我们国家已经存在了几千年，但到现在为止也不能建成一个规范有序、合理发达的政府，其中的原因在哪里？用一句话来说，也是没有政治能力。有的人也许说："我们中国人因为长期受到专制政府的统治，即使有了政治能力，也不能变发达。"事实正是如此。但即使这样，也有专制政府不能达到的时期、不能达到的地方、不能达到的事业。在这种情形下，我们中国人还是像老样子一样不能发挥政治能力，这才是最让人痛心的事情。什么是所谓的专制力达不到的时期呢？比如在朝代更替的时候，原本当权的中央政府失掉了权利，各个地方的英雄豪杰纷纷组织起来进行抗击——比如秦朝末年、西汉末年、东汉末年、唐朝末年、元朝末年、明朝末年的时候。在那个时候，中央政府权力到达的地方仅仅限于京城周边，民间有稍微宣布独立自治的人，就能获得自由、自治的幸福，这并不是难事。但是各个时期总是抗拒完老虎后又迎来野狼，几千年来一直是这个样子。这是我们中国人没有政治能力的第一个证明。那么什么是专制力达不到的地方呢？考察我们中国的历史，各省各地方，并不缺少脱离中央政府控制自成一个行政区域的时代。春秋战国时期就不用说了，在这之后，比如像秦末的南越、闽粤，汉末的蜀吴，唐末的吴越，福建、湖南、蜀唐一直到宋的西夏，都在中原动乱的时期，自己建成一个小朝廷。如果这些地方的人稍微具备一些自治能力，那么开创一种政体，使我们的中国历史增光添彩也不是难事。然而，这些人和前面的如同一丘之貉，事情还是老样子。这只能说："即使行政区域不一样，终究还是要被豪强胁迫，不能自治。"想那明末以来的几百年之中，我们中国人迁居到南洋群岛的人口不下百万，到如今，只就泰国一国来说，其中的华人已经有一百多万，新加坡、印度尼西亚等地的华人也不少。像这些华人，中央政府把他们当成是外人，非但专制不到他们，也不屑专制他们。那么为什么这些华人仍然束手束脚形同牛马呢？更为严重的，比如荷兰属、法属的侨民，像牲畜一样受尽煎熬，生活苦得连猪羊都不如。再比如，海峡殖民地的各个岛屿，大都是由我们中国人自己建造的，我们与天气战、与野兽战、与土蛮战，备尝艰辛、开垦拓荒而得来，然而最后这些土地却不能由我们自己建设、自己管理，一定要由西方殖民者来镇压治理，这又是什么原因？以前的事就不必说了，看看现在的情形，我们睡的床已经是别人的了，屋子里到处都是外人，我们中国人不能组织政治团体维护自己的权利，这一事实还用得着再说吗？再比如在今天的美洲、澳洲等地，我们中国人散居的人数也不低于数十万，这些地方的人讲法律，讲自由，讲平等，而我们的侨民也跟当地人一样受到法律约束，享有集会、言论的自由，那为什么不到四千的英国人能在上海形成一个近乎小政府的组织，而超过三万的华人在旧金山竟然年年自己人打自己人，不能组织成一个稍微有力的团体呢？这是我们中国人没有政治能力的第二个证明。什么是所谓专制力达不到的事业呢？所谓政治组织，并不是政治的专有名词，在欧美国家，不管是一个市、一个区、一个村、一个公司还是一个学校，只要是一切公私的聚集地，都相当于政府缩影，所以想检验一个国家国民政治能力的强弱，都可以从这方面入手。

历史学家大都认为自由政体起源于中世纪的意大利（比如威尼斯、佛罗伦萨等市），而这些地方，一开始都是经济上的聚合地，而后才变成政治的中心。中国专制的毒虽然剧烈，但由于中央行政机关不完备，它能直接干涉民间事业的情形也很少，如果国民在商务上想结成团体，政府肯定禁止不了。然而几千年来，为什么连一个像西方人成立的那种有限公司或者商业协会也没成立得起来呢？这是再明显不过的事例了。再如教育事业，近几年来朝廷屡下明诏奖励办学。即便专制力想插手任何事业，也决不会插手教育事业，然而试看庚辛以来一直到今天，各省教育事业发展到了什么样子呢？即使有点成效，私立学校的成绩也比不上官立学校。我们国民还有什么颜面责备政府？这是我们中国人没有政治能力的第三个证明。

所以我认为：今后的中国，最大的忧患不在于没有思想，而在于没有能力。

亚里士多德说："人是政治的动物。"既然这样，就等于说，人类天生具备政治能力。那中国人却从有政治能力变成没有政治能力的原因不外乎两种：一是隐伏起来了无力发展，二是刚发展起来立刻就被摧折了。现在就我们中国人之所以这样的原因尝试分述如下：第一，是由于专制政体。稍有见识的人都知道，专制政体是摧毁政治能力的直接武器。

进化学者谈论生物进化的普遍法则，认为动物身上不管哪种官能，只要长期被废弃不运用，那么这种本能就会逐渐消失。比如在意大利有一种生活在洞中的生物叫盲鱼，它过去本来是有眼睛的，因为长期生活在黑暗的环境中，眼睛用不上，所以就进化成今天的样子了；又比如脊椎动物，本来是有腮的（人类也有），因为空气清新，腮用不上，所以就进化成今天的样子了。像这样的例子数不胜数。经过百数十代的遗传和环境适应，一部分的本能发达起来，而其他的本能就退化甚至消失了。这样的例子不单适用于生理的进化，也适用于心理的进化。专制国家的人民没有运用政治能力的地方，就算有了施展政治能力的人，也会受到统治者的打压蹂躏，最终成为失败的那一类人，而不再有机会将这种政治能力传给下一代。所以，有政治能力刚刚开始显山露水的，始终冒不出头，冒出了头的也没地方施展。这样，政治本能被埋没了起来，时间长了，就成了第二天性。就算有朝一日让大家随便施展政治本能，而本能的恢复也不是一天两天就能见效的。就好比妇女缠足，缠了二三十年，即使有一天放开，也不能恢复成原先自然的样子，道理再简单不过了。（今天有人主张说既然中国人不具备立宪资格，就应当发动革命，形成新的政体，这就相当于把缠足妇人聚集到一起，放开她们的脚，然后立刻赶她们奔跑，说是可以锻炼脚。）因为这个缘故，即使是在专制力达不到的时期、达不到的地方、达不到的事情，人民仍然像一盘散沙不能进行自我治理。有人说："西欧各国人民以前在专制枷锁的重压之下和我们一样，那么为什么他们的政治能力所受到的摧残不像我们这么厉害？"我的答案是："我们和他们受到的专制相同，但所受专制的性质不同。他们专制主体是封建专制、贵族专制，而我们的专制主体跟他们相反。"（有关这个问题的详细论述可参见我写的拙作《中国专制政体进化史论》各篇。）简单点说，他们受的是少数专制，而我们受的是一人专制。少数专制，就是少数人享有自由而多数人不享有自由。由少数人享有自由逐渐过渡到多数人享有自由，跟全体人民都没有自由而想立马全都享有自由，这中间的难易程度当然不一样。所以西方的专制，往往能促进人民政治能力的发展（考察下英国大宪章和匈牙利金牛宪法的推出原因，就可以证明这种说法并不荒谬。其他国家的情况也大都是这样），而中国的专制，纯粹是戕害人民政治能力的民贼。（这个观点的理论很复杂，其他时候再进行详细论述。）

第二是由于家族制度。欧美各国统治的客体是以个人为单位；中国统治的客体则是以家族为单位。所以欧美的人民直接受国家统治，中国的人民间接受国家统治。先前的圣人们说："国家的根本在于家庭。"又说："把每一个家庭管理好了，国家就太平了。"的确，在这样的社会中，除了家族外也没有什么能够组成团体。仔细考察中国过去的种种制度，没有一个不以家族制作为精神。在教育方面，主张对于父亲和兄长的教育必须严格，这样对于子女和弟兄的教育就省劲多了。凡是学校，也都主张赡养国家元老和年老的人民，把这件事当作是十分重要的事情，所以称之为"家族制教育"。在赋税方面，上古时代实行井田制度，九个家庭形成一个井，这些家庭依靠井相互通达联系、形成、消散，一荣俱荣，一损俱损，全都将家族看作是纲领，这就不用说了。就算是在封建制度废除以后，比如汉代有一户纳赋税（来作为郡国的行政费用），唐代有调（租、庸、调三者，租课田，庸课人，调就是课户。唐代制定的户籍制度最为详尽，根据资产多少分成九个等级，每一户有丁、中、老、小、黄等名号），还有两税（两税不根据人丁确定户的等级，而是人数服从户数），明代以后，虽然施行一种法则，但是依然有收户、解户、马户、灶户、陵户、园户、海户等等名称。所以西方国家只计算人口数，但是我们国家则是户数和人口数量一起算（可以参照中国历史上的人口统计的文章）。所以，户，的确是中国团体构成的首要因素。我们观察中国统计时候的细小事情以及制定法律的根本法则，就可以得到这个观点（掌管财政赋税和民事的机构称为户部，也是根据家族思想），所以中国的财政可以称作是以家族制为基础的财政。在刑法方面，一个人有了罪往往会牵扯到一个家庭，甚至是整个家族。这种风气直到清朝雍正、乾隆年间还是没能改变，所以我们的法律可以说是按照家族制定的。再看兵役方面，在封建时代，丘乘和井田相辅相成没有分别。从战国时代到唐代，经常使用三丁抽一的制度，宋朝的时候开始施行保甲制度，每十家算作两丁，这都可以说是根据家族制度制定的军政。其他的所有制度，大致也是这样。如果一种一种细细纠察，那么它们立法的根据，都有家族制的痕迹。（在此不能一一罗列出来，其他时间我会写作专著对这个问题进行研究。）概括一下前面的内容，除了以家族让人们相互维系关系之外，有司没有能够进行治理的单位。甚至各个地方的自治制度，像是甲首、保正和里长、社长这些，没有一个不是由家族中有地位的长者担任的，如果不是这样的话，自治团体就不能成立。所以我常说中国人具备家族成员的资格，却不具备市民资格（可以参照我的拙作《新大陆游记》186页），所以说，大概西方国家所说的"市民"（citizen）一词，我们中国自古以来就没产生过。市民与族民的不同表现在哪里？市民的管理者崇尚贤良和能力，他的任职也是通过市民投票选举出来的；族民的管理者注重年龄地位，根据年纪，他的资格也会越来越大。通过投票选举产生管理者，那么就会形成一种竞争的模式，选中的人也必然会处于担负责任的地位；通过年龄增长渐渐有了资格，成了管理者则截然相反。所以西方的自治制度，是政治能力的辅助力量；中国的自治制度，是政治能力的退化原因。因此在中国的一个乡、一个家族，或许还能产生团体，一到城市，人和人之间想要产生有机体，那是不可能的。

第三，是由于生计问题。孟子说："人民崇尚道，有了固定资产才会有恒定的心态，没有固定的资产就不会产生恒定的心态。"难道不是这样吗？难道不是这样吗？地理学家说："一个完备政治团体的产生，一定得在温带国家。"大概因为热带国家上天的恩惠太多，自然条件太好，人民生活太安逸，所以无所事事，懒散成性，以至于经济不发达；寒带国家自然条件太恶劣，所以人民生活瘠苦，以至于经济不发达。生活都成问题而要想人们在政治上有大发展，没有这样的道理。因为人之所以进步，都起源于心中有欲望而想方设法去实现。欲望的种类非常多，对应于社会程度的高下，欲望也区分出主次先后，人们必然先努力于实现最急切的欲望；最急切的欲望实现了，再努力于实现次急切的欲望；次急切的欲望实现了，再努力于实现又次急切的欲望。比如吃饭、穿、居住，是人们最先要解决的问题，这些东西没有了，那么人们一天也活不下去。再高级一点，就开始希求生命财产安全间接得到保护，这就开始关注政治；再高级一些，就开始追求身心舒适、精神愉悦了，那么开始研究奢侈用品、学问、道德操行。（凡是讨论生计的学术书籍，第一章一定会讨论欲望，称欲望是最根本的观点。各个做学问的讨论欲望一定会将它们分成必要欲望、次要欲望，等等。我认为不是这个样子。贫困国家的人民，把粗茶淡饭、茅屋破房子当成最必要的欲望；富强国家的人民，把追求饮食卫生、道路整洁、屋子华美当成最必要的欲望；野蛮国家的国民，把求得一个骁勇善战的首领来抵御猛兽和外敌侵袭作为最必要的欲望；文明国家的国民，把追求一个完备的政府、拥有稳定的权力来寻求公私的进步当成是必要的欲望。如此看来，欲望来自于对于必要的东西的追求，必要的事物越多，欲望的种类就越多，文明程度就越高，这就是民族进化还是退化不同的原因。）假使人民最紧迫的东西，整天忙碌一年到头都得不到，还指望人民有充足的时间去追求次要的东西、更为次要的东西，肯定是不行的。所以，政治、道德、学术……一切的进步，都跟经济的进步成比例。我们中国几千年经济的历史怎么样？我们中国经济的现状又怎么样？考虑到这些，那么人民政治能力缺乏的根本原因可想而知。这就是孟子所说的"连死亡问题都解决不了"，所以人民除了最小的小我之外，没有时间顾及大我，除了最狭义的现在之外，没有时间思考未来，又有什么奇怪的呢？！喜欢发难的人会说："汉代文景年间，唐代开元天宝年间，清代的康熙乾隆年间，都号称是衣食富足。如果说生计和政治真的关系密切，成正比，那么那时的政治能力也应该十分发达，但是事实却相反，这是什么原因呢？"我的回应是："这是遗传因素造成的。他们从祖宗开始，经过了成百上千代，早就已经湮没了政治本能，现在想让他们在短短几十年的时间里就恢复过来，怎么可能呢？更何况还有成百上千的因素可以阻挠人们施展政治能力；而且所谓人人富足，也不过是历史上一个美谈，当时真实的情况未必如此。"总之，我们中国几千年社会的精力，全消磨在如何解决最为急迫的生计问题上了，想彻底解决这些问题都做不到，还想进一步实现间接、高级的欲望，还要有方法让他们自己实现，怎么可能办到呢？怎么可能办得到呢？

第四，是由于灾病频繁。有机体的发展一定要按照正常的顺序，要经过一定的时间，中途也不能受到其他种种意外的摧折，只有这样一直继续下去，才能最终发展成熟。我有一个弟弟，聪明早慧，智力超过一般的小孩。但在他八岁那一年，得了一场怪病。因为住在乡下，被庸医给误诊了，此后就长期受到病魔的折磨，智力也渐渐消失了。现在想办法补救，也没有用了。我想到他的这一遭遇，忽然感觉我们中国政治能力的丧失，也跟他的情况差不多。我们中国人受专制统治的打压，受家族制度的束缚，受经济窘迫的奴役，政治本能已经被残掉十分之六七，不过仍然有机会暗暗生长，不排除有朝一日开花结果，架不住过个几十年，就来一次丧乱，把此前暗暗积累的根底也一扫而光。法国国王路易十五说过："我死之后，哪管它洪水滔天。"中国的历史学家们也知道中国古代曾经遭遇过洪水自然灾害，这场大灾害把黄帝时期传承的文明摧残掉了一半，秦汉以来的几千年之中，我们遭受洪水灾害的次数不少于十几次。唐代人的诗词中说："经乱衰翁居破村，村中何事不伤魂。因供寨木无桑柘，为著乡兵绝子孙。"又说："君不闻汉家山东二百州，千村万落生荆杞。"像这样的只言片语，也不能写出惨状的亿万分之一！但是文明和丧乱都一起消失的局面可以大概看得出来了。今天对我们国民的表现心生不满的人，动不动就批评国民生性卑鄙，委曲求全，心思狡猾奸诈，欲望低下，团体涣散，但是否想过总是灾病频繁、疾病缠身的中国人，不卑屈不狡诈，能保全性命吗？"我能保证自己的安危就不错了，哪还有工夫为后代着想？"这种思想已经深入每个人的大脑，又怎么可能去爱护自己的同类、为将来做计划呢？西方历史家说法兰西在大革命时代，全国生下来的婴儿大多出现癫痫症状。可见社会现象能经由人们的心理遗传给下一代，影响就是这么可怕。我们中国灾病暴发时候，只有卑屈、狡诈、避乱逃命的人，才能躲过生物进化的正常淘汰规律，得以苟活下来传宗接代。前一代国民死绝了，后一代国民在娘胎里就已经饱受恐怖、忧郁的"教育"，再加上小时候在家里以及长大后在社会上，经常看到、经常听到明哲保身的生存哲学——怎样保身免祸，怎样迎合权贵，怎样委曲求全，怎样不择手段，等等。因此，就算天下太平以后，朝廷号召，民间表彰，竭尽全力向人们灌输礼、义、廉、耻的观念，但让大家"恢复"成为正常人，恢复与生俱来的政治本能，恐怕也得再经过一两代以后才见效。更不用说过不了一两代，就会有称霸的人出现，继续施行高压政策，继续为免除他自身的威胁而弱化国民。这样，政治能力的恢复就永远不可能成功。接下来丧乱就又会再度降临。每爆发一次灾病，毒害的遗传就加深一层，像这样，国民的政治能力还不被荡涤干净吗？！唉！这不是一天两天造成的，造成这种局面的时间长了去了！

既然我把思想和能力相比较，得出结论说，能力跟思想不相符合，是中国前途最值得担忧的事，那么今天谈救国，就没有比培养国民能力更急迫的事了。即使这样，国民是培养的客体，还需要有培养的主体。不这样的话，只是随便说"要养成能力"也没什么理由。主体在哪里？不在强有力的当道统治者，不在大多数的小民，而在已经具有思想的中等社会。这是全国的共识，不需要多做解释了。国民之所以没能力，就是因为中等社会没有能力。所以我这篇文章研究的范围，不谈我们应当从哪种途径开始能够推送能力给他人，而谈我们应当从哪种途径开始能够积蓄能力给自己。这倒不是钟爱能力想自己先得到，实际的动机是：只要我们有能力，那么国民也会有能力；只要国民有能力，那么国家也会有能力。因为这个缘故，所以要养成政治能力，必定先从我们开始。请允许我陈述几条观点，请大家互相监督鞭策。

　　一是分工合作，不能混淆。文明程度的高低和分工的精细粗略成比例，这是经济学原理，而社会上的一切现象，全都不外乎这个道理。西方人常说："成功的要素有三个：一是靠天才，二是靠机缘，三是靠锻炼。"天才不可能事事都比别人做得好，有他擅长的也有他不擅长的；运气不可能事事都应验，有巧合的也有不巧合的；锻炼不可能事事都体验一遍，有拿手的也有不拿手的。所以善于做事的人选择事业的时候，必然考虑与自己个性相近，考虑与自己地位相符合，然后选定一项，坚持做下去，这样才有把握成功。今天

287

的中国，那些对国事不上心的人，就不必说了，而像那些关心国事的人，看到国内局势这样危急，应当做的事情这样繁多，同时志同道合的人又这样稀少，于是便抱定雄心、不畏艰难，打算把一切应该办的事情都揽在他们这有限的人身上。试看最近几年以来，提倡政治改革的人，不就是提倡教育改革的人吗？提倡教育改革的人，不就是提倡实业改革的人吗？提倡实业改革的人，不就是提倡社会改革的人吗？拿实业来说，争夺路权的是这些人，争夺矿权的也是这些人，提倡其他工商业的也是这些人。拿教育来说，组织学校的是这些人，编教科书的是这些人，教授知识的也是这些人。拿政治来说，号召革命的是这些人，号召暗杀的是这些人，号召地方自治的也是这些人。其他各个领域，大都是这种情况。上面提到这些事，说某件事应当办，而其他的事可以不办吗？不可以。说某件事应当非常急迫，而其他的事可以慢慢办吗？不可以。于是志士热心到了极点，恨不得把一百件事一会儿就办完办好，恨不得把一百件事都揽在自己身上。他们的处境值得同情，他们的志气值得尊敬。即使这样，说他们的能力因为这样做获得了提高，我却不敢认同。像他们的做法，说好听的是"总揽大纲""纤悉周备"，但说实在的，只是浅尝辄止、贪图虚名罢了。孟子说："人有不为也，然后可以有为。"所谓"不为"，不是说事情不应当做。应当做的事情千千万万，那么做这些事情的人也应当千千万万，凭一个人的能力想完成千千万万人才能完成的事情，我没有见过有能做好的人。有志之士所要做的事情，不管事情是大还是小，是整体还是局部，关键一点是，正好跟政府所持的主义相对。因为政府反对，那么志士不能不诉诸民众以求获得同情，把民众引为后援，然而民众又大都是在志士成功时相互欢庆，很难在困难的时候开始做事情，这是人性的本能，不足为怪。所以对于志士而言，不以成败论英雄，就是这个道理。但是有志之士在刚开始做事情的时候，与其追求心安原谅失败，不如因势利导追求成功。古人说："带乡兵的人，只可成功不可失败。"现在的人做事，也和这个道理相似。虽然事情不大，如果能够产生一两点明显的效应，那么就可以在社会上产生信用，如果在其他时候再委托他们做事情，阻力就消失了一半，别的人委托他们做事情，阻力也就减少了一半。像这样相互递进，就会形成同情的人越来越多、能力越来越强的局面。（就像近些天来粤汉铁路案件的发起者，他们在民间的势力很薄弱，仅仅只有几个人，但是逐渐可以牵动起全国的力量，这就是国民号召政府和外族人争夺权利的先行者的表现。如果这件事能善始善终坚持下去，那么政府就会知道人民的力量不容小觑。再有其他的事情时就会把人民当作是后援力量，而我们的人民也就因此深信他们的力量可以撼动政府、可以抵御外敌了。在这之后再有其他类似的事情产生，人民群众的能力逐渐产生，如果这件事情失败了，国民一起见证了争夺了这么多年结果仅仅是这个样子，以后再有这样的事情只是会气馁，也不会有其他的想法。）所以带乡兵的人，能小规模不大规模，攻取脆弱的地方不攻取坚固的地方。现在我们想用脆弱的人民力量，刚刚萌生的人民气势，和有几千年威严的政府宣战，除了上述的方式，还有什么办法呢？如果果真能这样，那么志气就不会涣散，大家会拧成一股绳。不做一件事情也就罢了，如果做起来，一定会有若干人积极响应，聚集聪明才智力量专门做这一件事。即使再有其他的事情出现，比这件事情还要重大，宁愿不去做、不要过问。为什么呢？除此之外，一件事情也做不成。曾文正治理军队，安营扎寨，步步为营、节节进取。日本军在旅顺围攻俄国军队，用全部的力量攻占一个堡垒，才继续攻打其他堡垒。现在，我们最大的忧患在于哪一个堡垒都想撼动，想要把一百个堡垒同时拿下，到最后却一个都攻占不了，所以我们的能力也就难有一丝一毫的进步。现在的有志向、有抱负的人有两个通病。甲说："事情太多，做不过来，有什么办法呢？"乙说："我想做事情，但是没有事情能做得了，有什么办法呢？"这两种观点好像是相反的，但是他们的源头是相同的。人人都自称是华盛顿、拿破仑，每个人都觉得自己是卢梭和孟德斯鸠，我现在做的事情，和我的地位很不相称，所以就说"办不了"。我现在做的事情和地位不相符合，其他事情又没有看得上眼的，就不再选取相应的事情办了，而是说："没事情做。"随便说出一件事情，都能说个一两句，但是要让他详细说，就说不出来了。没有细致地深究，就说"没事干"或"干不了"。在一个国家中，不可能都是华盛顿、拿破仑，卢梭、孟德斯鸠更不必说了。如果一个国家的人，人人都是华盛顿和拿破仑，人人都是卢梭和孟德斯鸠，那么还能称得上是一个国家吗？我知道这是绝对不可能的。我们看一下日本的人物，像是西乡木户、大久保、伊藤大隈、福泽这些人，也只是在他们的社会才被看重，像前岛密，知道的人也仅仅限于邮政行业人士；知道涩泽荣一的人也就是银行、商业行业人士；知道井上胜的，也仅仅限于铁路行业；知道大浦兼武的，也仅限于警察；知道伊泽修二的，仅限于音乐界的人物；知道落合直文的，仅限于研究国文的人；知道石黑忠德的，仅限于赤十字社的人；知道市川团十郎的，仅限于演出剧目的人。上面提到的这些人，他们的功德仅仅在日本，在西方国家怎么样呢？现在我们国家有抱负的人，一旦不谈论政治问题，好像就称不上是爱国，不是进入军人社会，就称不上是为人，一旦没有称心如意，就说"没有得到社会的重用"，因此自己放松自己。像这样的人比比皆是，这是他们能力不能进步的另一原因。概括一下上面谈论的观点，立国的要素有很多，只要缺失一个方面国家就不会存在。这就像是人的身体一样，分子衰弱那么全体就会衰弱，分子强整个身体就会强，器官四肢脏器血脉各自都得到养护，各自发达，那么才会有健全、卫生的身体。现在中国人的体格，就像是刚刚抟起来的砖土一样，在其中发挥最重要的能力的人，不能在其位谋其政，不能帮助全体一起进步，那么怎么能使整体得到进步呢？

第二个方面是相互帮助。相互帮助有积极的相互帮助和消极的相互帮助。积极的相互帮助相互扶持，消极的相互帮助把不相阻碍当成界限。明白了这个意思，那么即使全天下的人都是自己的朋友都可以。唉！可惜我们中国人的天性是相互排挤、相互拆台。过去，在明代晚期，那些所谓的士人君子，只顾彼此斗意气、相互争斗，不从国家大局出发，彼此没争出个胜负，敌人渡河已经打到家门口了！读历史的人至今对这段历史都感到无比心痛。返回来再看今天的有志之士，又跟那时候的情形多么相像！别的不说，就拿政治问题来说，所谓立宪、革命两种主张之间的交锋，我始终不知道彼此的感情是从哪里产生的。那些打着立宪或革命的幌子牟取私利的人不必去说他们，即使是完全因为血性，一门心思相信自己的主张能救国的人，彼此之间产生的敌意，也是一天比一天加深。推测他们互生敌意的原因，大概有两个：第一是认为对方的主张如果成功，那么我们这一方的主张就归于失败；第二是认为任由对方宣传发展他们的主张，那么谎言重复一万遍也成了真理，而我方的真理就被牺牲掉了。我以为第一种说法说的是事实。中国将来如果亡国了也就罢了，只要不亡国，那么两种主张必然是只实行其中一种，而另一种则会被放弃——这就是所谓归于消灭。即使这样，如果因为这个双方便互生敌意，那么试问任何一方，你们的目的是保存中国呢，还是只想着保存自己的主张？如果目的是保存自己的主张，那么一旦自己的主张不适合国情而没能挽救国家免于颠覆灭亡，试问：国家都亡了，你们的主张还能保存下来吗？如果目的是保存我们中国，那么中国实行哪种主张才能获得新生，现在仍然属于未知数，我们一方坚信自己的主张可以救国，那么就埋头努力，坚持到底，不要舍己从人；对方坚信他们的主张可以救国，那就由他们埋头努力，坚持到底，又何必非得要求他们放弃主张"归顺"于我？至于机会成熟时，得出了哪种主张适合中国的结论，那么双方必有一方退出历史舞台，但反过来说，双方也必有一方登上历史舞台。只要有一方登上历史舞台，那么我们中国就由此而获得新生。国家获得新生，那么我方的主张虽然归于消灭，但保存国家的目的不是已经达到了吗？为什么两者的出发点是一样的，但是双方互生敌意呢？第二种说法是如果我们一方的主张的确不适合国情而被淘汰掉了，那我方也没什么遗憾，然而我方坚信自己的主张最适合国情，没有任何一种主张能够与其相提并论，而我们极力坚守的主张之所以没能普及，是因为有杂七杂八的主张误导舆论，淆乱视听。我方爱国心切，我方救国心切，所以我方也爱我方的救国主张心切，凡是不利于我方主张被民众接受的言论，凡是跟我方主张步调不一致甚至唱对台戏的其他主张，我方出于自我防卫的目的，当然要加以敌视。这种说法乍一听不无道理，但是，这种说法不正确。世界上固然有相反相成的现象，像君主专制与共和革命，处于两个极端，而这两个方面

293

都相互发生在最极端的时候。可以说，是专制者的种种积威，种种阴谋，为革命创造了爆发的条件，这在西方历史上司空见惯。但立宪和革命并不是处于两个极端。（立宪、革命并不是相对立的，立宪虽保留了君主，但相对于君主专制而言，也不能不说是革命；革命虽然结束了君主统治，但结局也不过是建立宪政。所以把两种主张作为相互对立的方面，在逻辑上也说不通。把这两者认为相同，是将他们当成普通称呼。）立宪和革命两种主张在性质上不是截然相反的，但在效果上却是相互促进的。我真心要革命，那么应当想一想英国1646年靠什么革命，不是靠伦敦的国会军吗？美国1775年靠什么革命，不是靠费城的十三州同盟会吗？法国1791年靠什么革命，不是靠巴黎的国民议会吗？假使立宪能够满足国民的愿望，那么我们还有什么不满意的？我们的革命主张，完全可以抛掉了！（有些坚持极端排满主义的人认定，如果保留今天的满人皇室，即使宪政完备得跟英国、日本一样，也因为民族的厌恶感情不认同它；宁愿没有秩序的汉族朝廷灭亡，不让有能力的满族朝廷存在，这自然是意气话，真正爱国、真正提倡革命的人必然不能认同。）假使立宪没有满足国民的愿望，那么经过这样的"立宪"，民间赞成革命的人，就像传染病一样，弥漫开来不可控制，一定是这个样子了。为什么呢？人人都有一颗积极向上的心，就像是在昏暗的房间中，一辈子都没有看到过太阳，所以认为世上除了黑暗的东西之外，没有其他的东西了，所以更加心安理得了。旁边的人告诉他外面的世界很精彩，即使说得口舌生疮也不能让他产生羡慕的心情。一旦凿透墙壁，凿出窗户，隔几天之后引导他到外面的世界中去，那么明亮的光线在他脑海中渐渐生根，如果这个时候再把他囚禁在黑暗的屋子里，那么他怎么能受得了呢？所以说，朝廷的一张伪改革的诏书，比起民党数万字的著述和几百次的演说，效力往往更高。其他的就不用说了，现在持有最极端的革命论的人，扪心自问："我几年前的思想怎么样呢？现在为什么会有这样的思想？在辛丑之后那一系列的改变科举、开办学堂、奖励游学等等伪改革的事业，他们对我的间接帮助难道微不足道吗？"以此类推，我们可以得出，立宪主义前进一步，那么革命主义也会前进一步。我要是真信革命理论可以救国，那么理当日夜祷告，希望立宪论快快发扬光大，好作为革命的辅助力量，哪还有对它加以敌视的理由呢！如果我真心要立宪，那么应当想想，日本的宪法不是在革命论非常兴盛的时候得到确立的吗？意大利的宪法不是在革命论非常兴盛的时候得以确立的吗？其他各个有宪法的国家，有一个不是在革命前或革命后确立宪法的吗？宪法，是上下交让的结果。交让必先通过交争，好比两个交战国，它们的最终目的必然是实现和平，但是没有不经过战争就能实现和平的好事，不经过战争得到的和平，只是屈服罢了。战后实现和平，双方从和约上所得到的利益，又必然根据各自战斗力的强弱进行分配。宪法就像是和约，民间要求政府满足自己的愿望，必须具备能够使政府屈服的战斗力。战斗力达到了能使人屈服的水平，那么战或不战都能得到自己想要的结果。今天，文明国家不担心战争，但都积极发展军备。革命就相当于军备，而动不动就革命，就好比随意发动战争，随意发动战争不是个办法。出于主张立宪而仇视革命，就好比裁兵，裁兵也不是个办法。想没想过几年来政府屡屡推出伪改革措施的原因？难道不是因为惧怕民众闹事而姑且推出一两项措施来减缓紧张局势吗？可惜啊！人民的战斗力还不足以让政府产生敬畏之情，如果能够的话，那么几十年前俄国人被迫归还辽东地区，那么我们不作战就可以使日本屈服了。按照这个道理推论，我们知道，如果革命主义进步，那么立宪主义就会进步。如果我真信立宪论可以救国，那么理当日夜祷告，请求革命论快快发达，好作为立宪的辅助力量，对它加以敌视的理由又是什么呢？我说上面这些话，并不是想让主张立宪的人放弃自己的主张转而去革命，或是想让主张革命的人放弃自己的主张转而去立宪，更不是说一些模棱两可的话，做老好人。我看到天地很宽广，前途很光明，的确是有能够容许这两种主义并行不悖的余地，这两种主义可以各自发布自己的研究，各自预备自己想实行的工作，可以不相互瞧不起，也可以不相互学习，为什么一定要相互冷嘲热讽来满足呢？为什么要互相使阴谋诡计来求取胜利呢？文明的国家各自有政党，这些政党各自持有不同的主张，双方都不肯让步，没有嫉妒其他政党和自己并立所以就期盼着能够消灭其他政党的。像这样政党之间斗争不断，寸步不让，但是一旦有敌国外患的时候，就相互帮助，政党之间的界限全都置之度外了，这是为什么呢？内部斗争的人对外的力量一定是不强的。如果没有大敌当前，那么就可以亲近自己的政党疏远排斥其他政党吗？如果有公共敌人，那么甲乙两个政党还是相互斗争，这对敌人是有利的，对于甲乙两个政党来说，有什么好处呢？现在的中国，应该联合全国上下的力量一致对外，如果做不到，也应该联合全国民众来对抗政府。立宪和革命这两方面遵守的手段虽然不一样，如果让他们反对现在的政府，那么它们就会统一起来了。如果政府能够拿出强大的力量，那么所谓的立宪和革命，都像是刚刚萌发的嫩芽，二者力量的强弱和公敌相比完全不一样。庄子不是说过吗？鱼在陆地上，相互吐出唾液润湿身体，相濡以沫，这样一点一点地相互共生，还互相担忧不能被湿润（湿润不均），何况互相摧残相互争斗？相互斗争很容易，但这样会让我们的敌人舒适高卧，躲在角落里偷笑。我的确见过这样的事情：几年来，民党能力之所以没有取得进步，有十分之一的原因是受到政府的压迫，而十分之九的原因是被不同的政党摧折。这才是真正让人万分悲恸的事情啊！一句话来概括——这也是没有懂得消极的相互帮助的重要性罢了。